十万个为什么

来自海底的秘密

LAIZIHAIDIDEMIMI

《科普世界》编委会 编

内蒙古科学技术出版社

图书在版编目（CIP）数据

来自海底的秘密/《科普世界》编委会编.—赤峰:
内蒙古科学技术出版社，2016.12（2022.1重印）
（十万个为什么）
ISBN 978-7-5380-2753-2

I.①来… II.①科… III.①海底—普及读物 IV.
① P737.2-49

中国版本图书馆CIP数据核字（2016）第313125号

来自海底的秘密

作　　者：《科普世界》编委会
责任编辑：那　明　张继武
封面设计：法思特设计
出版发行：内蒙古科学技术出版社
地　　址：赤峰市红山区哈达街南一段4号
网　　址：www.nm-kj.cn
邮购电话：(0476)5888903
排版制作：北京膳书堂文化传播有限公司
印　　刷：三河市华东印刷有限公司
字　　数：140千
开　　本：700×1010　1/16
印　　张：10
版　　次：2016年12月第1版
印　　次：2022年1月第3次印刷
书　　号：ISBN 978-7-5380-2753-2
定　　价：38.80元

前言
Preface

我们知道海洋占据了地球表面的大部分面积，知道海洋的水是咸的，也知道海洋里生活着种类繁多的生物……然而，要想了解海洋的全部却不能局限于表面，因为它的神秘更多地来自于我们眼睛所看不到的地方。

比如，海底为什么与陆地一样矗立着高山，为什么海底横卧着峡谷，甚至还流淌着河流；再如，柔软的海水为什么会突然暴怒，而深海处的火山、地震为什么时有发生。此外，还有海底雪山、海底热泉、海底瀑布以及那些奇特的海洋植物和海洋动物，为什么它们的存在不是一种偶然，而是地球发展历史的某种印迹。

目前，人类探索海洋世界的步伐刚刚走出了一小步，全球还有95%的海底世界等待人类的涉足。随着科学技术的进步，越来越多的秘密会被解开，人类探索深海的历史必将翻开新的一页。

P*art* ❶
走近海洋

目 录 Contents

Part 2 海洋风貌

Part 3
海洋植物

Part ❹ 海洋动物

Part ❺ 海洋资源

Part ❻ 海洋趣闻

part 1

走近海洋

海洋是什么时候形成的？

地球被广大的连续水体覆盖着，这些水体——海洋占据了地球的绝大部分面积。从太空望地球，原来我们生活在一个蓝色的星球上。那么，浩瀚的海洋究竟是什么时候形成的呢？

其实，地球初始，既没有大气，也没有海洋，是一个没有生命的球体。一般认为，地球形成的最初几亿年里，由于地壳较薄，加上地球缺乏大气层保护，不断被各种天体轰击，大规模的火山运动不断，地幔下的岩浆从地球内部喷涌出来。岩浆中携带了大量的水蒸气，凝结成液态水，积聚后便形成了原始海洋。科学家通过对海洋物种的分析发现，海洋至少在寒武纪就已经出现了。

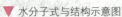 水分子式与结构示意图

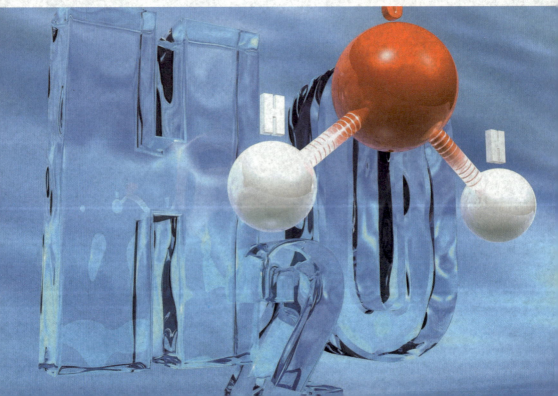

▲ 或许正是大面积的海洋决定了地球的色彩为蓝色

海洋的面积有多大?

　　既然我们生存的这个星球主要是海洋,那么这主体部分到底有多大呢?地球总面积约为 5.1 亿平方千米,海洋面积约占地球总面积的 71%,约为 3.6 亿平方千米。也就是说,海洋面积超过地球总面积的 2/3,是陆地面积的 2.45 倍,相当于 40 个中国的国土面积。

地球上到底有多少海水?

　　我们现在已知道地球的质量了，而作为主体的海洋，到底有多少海水充盈着我们的这个星球呢?

　　我们对这样大面积的水体做计算，只能是一个粗略的数字。地球除了表面的水，还有一个大气层，所以大气层的水也要计算在内。如果算上空气中的水、地表水和地下水在内，整个地球总共有 14 亿立方千米左右的水量，其中海水占地球总水量的 98% 左右，大约有 13.7 亿立方千米，其余的水绝大部分冻结在南极洲和格陵兰的冰盖中，河流、湖泊里的淡水还不足海洋水量的两千分之一，而大气层里的水蒸气只有海水的八万分之一。

▼ 飞溅的海水

怎样区分水半球和陆半球？

地球表面不是平坦的，海水的分布当然就不会是均匀的。地球上的海洋相互连通，构成了统一的世界大洋，而陆地则被海洋分隔、包围。其中，北半球的海陆比例约为 1.54：1，南半球的约为 4.24：1。

以经度 0°、北纬 38° 的一点和经度 180°、南纬 47° 的一点为两极，将地

▲ 从太空看，地球是一个蓝色的水球

球分成两个半球，海陆面积的对比达到最大程度。其中，海洋最多（占 89%）、陆地最少（占 11%）的半球称为"水半球"，中心位于西班牙东南沿海附近；而陆地最多（占 47%）、海洋最少（占 53%）的半个地球则称为"陆半球"，中心位于新西兰东北沿海附近。

即使是在陆地最多的陆半球内，海洋面积仍然要比陆地面积大。所以，我们无论怎么划分，都无法分出陆地面积超过海洋面积的半个地球。

走近海洋

海与洋是不是一回事？

虽然我们总是说海洋，但海和洋是不同的。那么什么叫海，什么叫洋呢？

海：位于陆地与大洋、陆地与海岛之间。面积较小，只占海洋总面积的 11% 左右；深度较浅，平均深度在 2000 米左右，有的只有几十米深；盐度低，容易受到陆地的影响，透明度小，而且随季节变化而变化；几乎没有自己独立的海流和潮汐系统。

洋：远离陆地，是海洋的中心部分。面积较大，约占海洋总面积的 89%；深度较深，平均深度在 3000 米左右；盐度较高，且几乎很少有变化，透明度大；有独立的海流和潮汐系统。

▲ 寒冷的北冰洋

世界上有几大洋？

既然我们已知道海与洋是不同的，而且大陆又不是连续的，那就会出现洋的划分。世界上有几个大洋呢？大洋这一广阔的咸水水域四通八达、连绵不绝，它们远离大陆，不但面积广，而且深度深，我们称之为洋。地球表面广大的海洋共分为四大洋，它们是太平洋、印度洋、大西洋和北冰洋。

为什么说太平洋是世界第一大洋?

　　我们都知道太平洋是世界第一大洋，为什么这样称呼它呢? 太平洋位于亚洲、大洋洲和美洲之间，南临南极洲，北端由白令海峡与北冰洋相通。它的轮廓呈椭圆形，南北最宽处约 15500 千米，东西最宽处约 19900 千米，约占海洋总面积的一半，占地球表面积的 1/3 以上。如果把边缘海包括在内，它的平均深度可达 4000 米左右，为各大洋之冠。太平洋的最深处在太平洋西部的马里亚纳海沟，深达 11034 米，这里也是世界海洋最深的地方，即使是世界海拔最高的珠穆朗玛峰被放在这里也会被完全淹没。因此，无论是从哪个方面说，太平洋都是当之无愧的世界第一大洋。

▼ 太平洋上巨浪翻滚

走近海洋

7

▲ 大西洋中翻滚而来的巨浪

你知道大西洋名称的来历吗？

    大西洋是世界第二大洋，它与太平洋隔着美洲大陆相望，就像是一个巨大而狭长的"S"形，曲折地夹在美洲大陆和欧洲、非洲大陆之间。

    大西洋的名字与古希腊神话中的大力神阿特拉斯有关。阿特拉斯是普罗米修斯的兄弟，普罗米修斯由于盗取天火被宙斯处刑，阿特拉斯也受到了牵连，宙斯命令他头顶肩扛巨大的地球，永远不准放下。相传这位顶天立地的大力神住在极远的西边，人们便把无边无际的大西洋当作阿特拉斯的栖身之所，称之为阿特兰他洋。后来，人们根据传教士编绘的世界地图上的拉丁文名称，将其翻译为"大西洋"，并一直沿用至今。

印度为什么能成为大洋的名称？

在大洋的命名中，只有印度这个国家的名字被用来命名大洋的名字，这是为什么呢？原来，印度洋位于亚洲、大洋洲、非洲和南极洲之间，是世界的第三大洋。印度洋被古希腊人称为"厄立特里亚海"，意为"红色的海洋"。1515 年，欧洲地图学家便已将这片大洋标注为"东方的印度洋"，这里的"东方"并不是广义的地理方位，而是与大西洋相对而言的。到了 1570 年，奥尔太利乌斯编制《世界地图集》时，去掉了"东方的"三个字，从此，"印度洋"一词逐渐被人们接受，并约定俗成，成为通用的称呼。

作为一个国家的国名，印度之所以能够成为一个大洋的名称，是有原因的。由于陆上交通不便，古代欧洲人对东方的了解非常少，他们只知道那里有个神秘而富庶的国家叫印度。意大利航海家哥伦布的美洲之行，实际上就是为了寻找通往印度的新航线，他还曾把在加勒比海中发现的岛屿称为西印度群岛。后来，葡萄牙航海家达·伽马绕过非洲的好望角，进入了一片大洋，误以为已经找到了通往印度的新航路，便把这片广阔大洋称为印度洋了。

▼ 印度洋海滩

世界上共有多少海？

　　既然洋能分出来命名，那海也有它自己的名字。国际水道测量局曾做过统计，世界上海洋中共有大大小小的海 54 个，其中还有些属于海中之海。

　　太平洋所属的海有 19 个，其中最大的是珊瑚海；大西洋所属的海有 16 个，其中最大的是加勒比海；印度洋所属的海有 10 个，其中最大的是阿拉伯海；北冰洋中有 9 个海，其中最大的是挪威海。

▼ 位于太平洋珊瑚海西部的大堡礁景观

▲ 位于渤海湾的秦皇岛

海是如何分类的？

　　世间这许许多多的海是如何被划分出来的？又用什么标准把它们进行分类的？按照所处位置的不同，海可以分为边缘海和内陆海。其中，那些位于大洋边缘，以群岛、岛屿或半岛与大洋分隔，又以海峡或水道与大洋相通的水域，称为边缘海。比如南海、东海、黄海、珊瑚海等，都是太平洋的边缘海。而对于那些大部分被大陆包围，只能通过海峡与大洋或外海相连的水域，称为内陆海，比如渤海、波罗的海、地中海和加勒比海等。

地球上最古老的海是哪一个?

　　世间一切事物都不是一蹴而就的，都有其缓慢的成长过程，和我们人类一样，海也有年龄大小之分。那么，世界上最古老的海是哪一个呢? 答案就是地中海。地中海位于欧洲大陆、非洲大陆和亚洲大陆之间，东西共长约4000千米，南北最宽处大约为1800千米，是世界上最大的陆间海。它以亚平宁半岛、西西里岛和突尼斯之间突尼斯海峡为界，分东、西两部分。平均深度1450米，最深处5092米。地中海的盐度较高，最高可达39.5‰。地中海有记录的最深点在希腊南面的爱奥尼亚海盆，为海平面下5121米。

　　虽然地中海是大西洋的附属海，它的历史却比大西洋古老多了。早在6500万年前，地中海就已经存在了。那时，地中海的面积比现在要大得多，仅次于太平洋，而此时的大西洋还没有形成呢!

▼ 位于地中海的克里特岛

▲ 苏伊士运河

地球上最年轻的海是哪个海？

　　有了最古老的海，那就会有最年轻的海来进行对比。一般认为，世界上最年轻的海是红海。红海指的是非洲东北部与阿拉伯半岛之间的狭长海域，面积约 45 万平方千米，其西北部通过苏伊士运河与地中海相连。受到东西两侧热带沙漠的影响，红海海域的气候炎热干燥、空气闷热，降水量少，蒸发量很高，盐度为 4.1%，夏季表层水温超过 30℃，是世界上水温和含盐量最高的海域。

　　距今约 2000 万年前，红海首先在北部形成。400 万年至 300 万年前，由于红海中轴地壳的张裂，引发了海水入侵，慢慢形成了现在的红海。红海海底现在仍以每年 1 厘米的速度继续扩张，就像一块两端都被拉长了的软糖，中间越来越薄，两端越来越厚，随着裂谷不断拓宽，古老的岩石基底不断被红海中轴处新生的洋壳推向两侧。

▲ 蔚蓝色的大海

世界上最小的海叫什么?

　　人们常说"大海",是因为在大家的心目中,海都是一望无际、广阔无边的。可有一个海域却是当你在其间航行时,是可以看到它的所有海岸的,这就是世界上最小的海——马尔马拉海。马尔马拉海东西长约270千米,南北宽约70千米,面积仅为1.1万平方千米,还不到我国渤海的1/7。如果把珊瑚海比作海中巨人的话,那么马尔马拉海充其量只能算是海中的侏儒。

为什么海水无色而远望却呈蓝色？

　　远望大海，碧蓝色的水面波光粼粼，如果我们舀一勺海水细看，就会发现海水并不是蓝色的，而是像清水一样无色透明的。海水本身是无色的，为什么大海看起来却是蓝色的呢？原来，这全是阳光的照射造成的。

　　我们都知道，太阳光是由红、橙、黄、绿、青、蓝、紫七种颜色的光组成的，而这七种颜色的光的波长都不相同。每当太阳光照到大海上的时候，不同深度的海水吸收的往往是不同波长的光。一些波长比较长的光，如红光和橙光等，容易被海水吸收；而一些波长较短的光，如蓝光和绿光等，往往容易被海水散射或反射回来。海水对蓝光和绿光吸收得越少，反射的就越多，我们眼中的大海也就变成蓝色的一片了。

▼ 蓝色海洋

海水为什么这样咸?

　　流进海里的河水都是淡的，为什么我们尝一下大海里的水却是咸的呢?

　　通过科学研究发现，事实上，原始的海洋的确不是咸的，而是酸性的。雨水冲刷大地时，水流溶解了岩石和土壤中的盐类，然后河水和地下水将这些盐类输送到海洋中。同时，海底火山的多次喷发，也向海水中排放了大量的矿物质和其他化合物，而这些物质中，大部分尝起来是咸的。此外，随着水分不断被蒸发，海水中的盐度也不断增加，经过亿万年的积累融合，便逐渐积聚到现有的浓度。

▼ 海底火山喷发的壮观场面

▲ 海盐厂场景

什么是海水盐度？

为了更好地研究地球的主体——海洋，人们用盐度来表示海水中盐类物质的质量分数。海水盐度就是指海水中全部溶解固体与海水重量之比，通常以每千克海水中所含盐的克数来表示。

溶解在海水中的无机盐，最常见的是氯化钠，即日用的食盐。有的盐来自海底的火山，大部分则来自地壳的岩石。岩石受风化而崩解，释放出盐类，再从陆地冲刷到海洋中去。在海水汽化后再凝结成水的循环过程中，海水蒸发留下了盐。

正常情况下，1000 克淡水中加入 0.5 克食盐，就能尝出咸味了，而世界大洋的平均盐度为 35‰。有人估计，如果把海水中所有的盐分都提取出来铺在陆地上，可得到厚 153 米的盐层。

走近海洋

▶ 蒸发与降水是调节海水盐度的主要因素

海水会越来越咸吗？

　　如同生物在进化过程中有一定的自我适应能力，对于海水的咸度人类也不需要担心它会有太大的变化，它同样也具有一定的自我调解能力。

　　当海洋中含盐类的可溶性物质的浓度达到一定程度时，会互相结合成不溶性化合物，沉入海洋的底部。海洋中的生物体内吸收了一定的盐类物质，当海洋生物死去后，它的尸体会沉到海底。台风暴发时，狂风巨浪把海水卷到陆地上，海水中的盐类物质也会有一部分被带到陆地。一些海洋的海湾地带，由于地壳的升高而与海洋隔断，这些被隔离的地带，在太阳光的"肆虐"下，变成陆地，留下大量盐分。这种自我调节的能力能够让海水长期维持在某一个盐度，不会越来越大。此外，海洋表面的降雨、南极和北极的冰山融化也能稀释海水，并降低海水含盐量。总体而言，海水的咸度会保持相对平衡的状态，是不会越来越咸的。

死海是盐度最高的海吗?

　　这里我们要特别说明一下，死海不与海洋相通，所以它不是海而只是个咸水湖。死海位于以色列、约旦和巴勒斯坦交界处，长67千米，宽5 ~ 18千米，面积大约810平方千米，基督教《圣经》中的亚拉巴海就是死海。

　　位于海平面下410米的死海，是世界陆地平均海拔最低的地方。死海每年长达330天日照以及少于50毫米的降水量，形成了高浓度的盐和矿物质，这里的海水盐度最高达332‰，是一般海水含盐量的6 ~ 10倍。所以，死海又被称为"盐海"。正由于如此高的含盐量，让死海的海水拥有了惊人的浮力，即使是一个不会游泳的人也可轻易浮在水面上。

▼ 死海东海岸岸边

▲ 落日下的死海

死海盐分高的原因是什么呢？

　　死海的形成，是由于湖水不断蒸发、矿物质大量下沉造成的。死海地区气候干燥，气温高，夏季平均温度可达34℃，最高达51℃，冬季也有14℃～17℃。气温越高，蒸发量就越大，降水也稀少。此外，死海是个内陆湖，只有河流注入，没有河流流出，水分被蒸发了，盐却在不断累积，湖水变得越来越稠。沉淀在湖底的矿物质越来越多，咸度越来越大。长年累月，世界第一咸的咸水湖——死海便形成了。

波罗的海是盐度最低的海吗?

　　知道了有最咸的海,那就有最淡的海喽!现在人们测出波罗的海是盐度最低的海。波罗的海,位于东北欧,周围被俄罗斯、德国、挪威、瑞典等国家环抱,俄罗斯的城市圣彼得堡、瑞典首都斯德哥尔摩、芬兰首都赫尔辛基、拉脱维亚首都里加等都是波罗的海沿岸的名城。

　　波罗的海除了是盐度最低的海,也是世界上最大的半咸水水域。波罗的海呈三岔形,西与斯卡格拉克海峡、厄勒海峡、卡特加特海峡、大贝尔特海峡、小贝尔特海峡、里加海峡等海峡和北海以及大西洋相通。此海是欧洲北部斯堪的纳维亚半岛和日德兰半岛以东的大西洋的内陆海,是欧洲北部的内海、北冰洋的边缘海、大西洋的属海。

▼ 波罗的海

什么是海冰？

陆地上的冰我们见得多了，可对于海冰我们却知之甚少。海冰指的是那些直接由海水冻结而成的咸水冰，也包括进入海洋中的大陆冰川（冰山和冰岛）、河冰及湖冰。由于冬季气温低，海水温度下降，达到冰点之后，海水密度达到最大，就会结起冰来。海冰的冻结与融合，都会引起海洋状况的变化，同时，海冰中的流冰还会对船只的航行和海上建筑物造成巨大伤害。

▼ 在海冰里缓慢行驶的船只

▲ 北西西里岛是地壳运动形成的岛屿

为什么海洋中会有岛屿？

　　岛屿总是孤零零地矗立在水中央，可对于这样一块四面环水的陆地，我们会好奇它是如何产生的。海中岛屿的成因有很多种，大致可分为大陆岛、火山岛、珊瑚岛和冲积岛。大陆岛是因地壳上升、陆地下沉或海面上升、海水侵入，使部分陆地与大陆分离而形成的。世界上较大的岛基本上都是大陆岛。火山岛是海底火山爆发或者地震隆起时，由岩浆喷射物的堆积和隆起部分形成的岛屿，比如太平洋中的夏威夷岛，就是典型的火山岛。珊瑚岛就是由珊瑚虫遗体堆积而成的海岛，这种类型的岛屿在太平洋的浅海中比较集中，如澳大利亚东北面的大堡礁。冲积岛则是由河流或波浪冲积而成的岛屿，我国长江口的崇明岛就是冲积岛的代表。

走近海洋

最冷的海在哪里？

　　威德尔海是南极洲最大的边缘海，同时也是大西洋最南端的附属海，因 1823 年英国探险家威德尔第一个到达这里而得名。

　　威德尔海位于南极半岛与科茨地之间，最南端达南纬 83°，北达南纬 70°～77°，宽度达 550 千米以上，常年被厚冰覆盖。威德尔海处于南极圈附近，属极地气候。在南极高气压控制下，终年盛行极地东风。这里冷而重的陆架水下沉成为南极底层水，也是世界大洋深层水的主要来源地。全世界的大洋底部冷水有一半以上源出南极海域，其中大部分产生于威德尔海。

　　海面多浮冰，大部分由陆缘冰分裂而来，在海上可漂浮几年到数十年，并在东南风的作用下多堆积到南极半岛东岸，对海区航行有巨大威胁。海区海水中富含营养盐类，是浮游生物最密集的海区之一。

▼ 威德尔海上的浮冰

▲ 海底洋流造成的海水运动

什么是洋流？

　　人们知道海洋是运动的，但对于它如何运动及运动的能量是不太了解的。1956年4月，美国科学家迪安·邦珀斯在美国东海岸科德角向大西洋投放一批漂流瓶，经历近58年旅程后，其中的一个瓶子在加拿大一个小岛上被人发现。是什么力量让这个瓶子漂流了那么长的距离呢？其实，这多亏了海洋中的洋流帮忙。

　　洋流又称海流，是除了潮汐运动外，海水沿一定方向大规模流动的一种水文现象。洋流主要是受到风力、压强和地转偏向力等因素作用而形成的，此外还受到海底地形、海洋轮廓和岛屿等的影响。洋流通常宽度可达几十千米至几百千米，长度可达几千千米，流动时的速度一般为1～3千米／小时。

走近海洋

洋流应该如何划分？

海洋并不像它表面上看到的那样简单，在它的内部也有如河流一样的系统，但与河流不同，洋流除长短、宽窄不一外，温度也不同。因此，洋流不如河流那样长久、稳定，而是经常会发生变化。

洋流一般包括寒流和暖流两种，寒流大多从两极附近的海域流来，水温较低；而暖流则多是从低纬度地区向高纬度地区流去的，水温较高。

除了冷暖之分外，按照形成的原因，洋流还可以分为风海流、密度流和补偿流三种。

风海流：又被称为吹送流、漂流。盛行风吹拂海面，推动海水随风漂流，并且使上层海水带动下层海水流动，形成规模巨大的洋流。世界大洋表层的海洋系统，大多属于风海流。

密度流：不同的海域，海水的水温和盐度也不相同，这会使海水密度产生差异，从而引起海水水位的差异，在不同海水密度的两个相邻海域之间产生海面的倾斜，造成海水的流动。

补偿流：当某一海域的海水减少时，相邻海区的海水便来补充，这样形成的洋流称为补偿流。补偿流既可以水平流动，也可以垂直流动。垂直补偿流还可以分为上升流和下降流，如秘鲁寒流属于上升补偿流。

◀ 季风洋流

▲ 靠近冰山的船只

洋流对海上航行有什么影响？

　　洋流深藏在海面以下，它对航行的影响是非常大的。18世纪60年代的时候，美国大发明家富兰克林就已经注意到了洋流对海洋的直接影响。当时，就任美国邮政总局局长的富兰克林发现了一种奇怪的现象：船从美国开往英国总是要比从英国开往美国节省两个星期。他经过调查之后发现，原来美洲沿海和欧洲沿海之间有一股强劲的洋流，船只顺流航行时节省了多少时间，逆流航行时自然也会增加相应的航行时间。

　　另外，洋流携带的冰山有时也会对海上航行造成巨大的威胁。横渡大西洋的英国邮船"泰坦尼克"号，于1912年首次航行中撞上冰山，造成1500人死亡。它沉没的位置大概位于北纬41°，西经49°附近。实际上，在北纬40°的海域是不会形成冰山的，撞沉泰坦尼克号的冰山就是洋流带来的。

走近海洋

世界上最有力的暖流在哪里？

墨西哥湾流是世界大洋中最大的暖流。这股暖流起源于墨西哥湾，经过佛罗里达海峡，沿着美国的东部海域及加拿大纽芬兰省向北，最后跨越北大西洋通往北极海。

墨西哥湾流全程大约5000千米，最大流速2.5米／秒。表层的年平均气温为25℃～26℃，流宽为100～150千米，深度为700～800米。墨西哥湾流最强劲的部分，流宽可达50～70千米，最强劲处的流量为1.5亿立方米／秒。即使把全球江河的流量加到一起，也只有它流量的1/120。

由于墨西哥湾流所带来的表层海水较温暖，因此西北欧地区比同纬度的加拿大东岸要温暖得多。据科学家估计，如果墨西哥湾流完全停止，欧洲冬季的气温将变得非常寒冷，甚至还会经常突然下降到－20℃左右。可见，墨西哥湾流无愧于"最有力暖流"的称号。

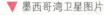
▼ 墨西哥湾卫星图片

▲ 厄尔尼诺现象给人类生活带来的危害

什么是厄尔尼诺现象？

　　太平洋上产生一种奇怪的自然现象，气象研究人员称之为厄尔尼诺现象。在南美洲西海岸、南太平洋东部，自南向北流动着一股著名的秘鲁寒流。每年的 11 月至次年的 3 月正是南半球的夏季，南半球海域水温普遍升高，向东流动的赤道暖流得到加强。恰逢此时，全球的气压带和风带向南移动，东北信风越过赤道受到南半球自偏向力（也称自转偏向力）的作用，向左偏转成西北季风。西北季风不但削弱了秘鲁西海岸的离岸风——东南信风，使秘鲁寒流冷水上泛减弱甚至消失，而且吹拂着水温较高的赤道暖流南下，使秘鲁寒流的水温反常升高。这股悄然而至、不固定的洋流被称之为"厄尔尼诺暖流"。

走近海洋

潮涨、潮落是怎么回事？

　　每天大海都会出一次涨潮和落潮现象，其实这是月亮和太阳对地球表面的引潮力所造成的，其中起主要作用的是月亮。虽然太阳对地球的引力比月亮大得多，但引潮力的定义却是"引潮力和引潮天体的质量成正比，和该天体到地球的距离的立方成反比"，因为太阳距离地球太远了，所以潮汐主要是月球引起的。古代称白天的河海涌水为"潮"，晚上的称为"汐"，合称为"潮汐"。人们很早就发现了这一规律，知道海岸潮汐会随着月亮圆缺而发生变化。也就是说，当月亮运转到人们的头顶或比较接近头顶的时候，海水便会随之上涨；当月亮运转到东方或西方的时候，海水便随之退去。月亮运转到人们头顶的时间每一天都会发生变化，会往后推迟，因此潮水上涨的时间也会随之推迟。一般来说，农历每月朔（初一）、望（十五日或十六日）的潮水相对大些，每年农历八月十五日的潮水涨落最大；而农历每月上弦（初八左右）、下弦（二十二日或二十三日）的潮水涨落最小。

▼ 潮汐

▲ 赤潮

你知道什么是赤潮吗?

　　赤潮又称红潮,是海洋生态系统中的一种异常现象,是由海藻家族中的赤潮藻在特定环境条件下爆发性地增殖造成的。赤潮藻又被喻为"红色幽灵",国际上称其为"有害藻华"。

　　海藻是一个庞大的家族,除了一些大型海藻外,还有很多非常微小的藻类植物,有的是单细胞生物。根据引发赤潮的生物种类和数量的不同,海水有时也呈现黄、绿、褐色等不同颜色。

走近海洋

海平面是平的吗?

在日常生活中,我们习惯以海平面为标准来测量海平面以上的陆上物体的高度。其实,海平面并不是平的,也有高低与起伏,只是这种起伏的范围太大,通常可达数千千米,如同地球是球形的,而我们却感觉不到是一个道理。海洋表面的起伏情况人们很难凭借肉眼分辨出来,只有通过卫星等精密仪器的测量,才能准确地测出。科学家通过研究发现,世界各大洋的海面存在三个较高的隆起区:澳大利亚东北的太平洋海域,高出平均海面约 76 厘米;北大西洋海域,高出平均海面约 68 厘米;非洲东南的印度洋海域,高出平均海面约 40 厘米。

▼ 云雾缭绕的海平面

▲ 翻滚的海浪

为什么海上"无风也有三尺浪"？

　　常听人说"无风也有三尺浪"，这是为什么呢？通常所说的海浪，是指海洋中由风产生的波浪，包括风浪、涌浪和近岸波。无风的海面也会出现涌浪和近岸波，其实它们是由别处的风引起的海浪传导而来的。在天体引力、海底地震、火山爆发、气压变化和海水密度分布不均等内、外力的影响下，海洋会形成海啸、风暴潮和海洋内波等，它们都会引起海水的巨大波动，这就是"无风也有三尺浪"的真正原因。

▲ 海浪有时也被视为"隐形的杀手"

为什么会产生"疯狗浪"？

　　对于长年生活在海上的人来说，对"疯狗浪"已不感到奇怪，可内陆人如果不了解，在海上要是遇到这种浪，那就是十分恐怖的事情。"疯狗浪"的生成起因一般认为是风的送刮，持续的东北季风吹刮与同类风速共振的波浪，往往生成巨大的涌浪，这层巨大的厚水块到达岸边后，将作用力倾泻于海滨某一海角，崩散的浪块形成了这一恐怖的海浪。疯狗浪不但会卷走海边的垂钓者，还会掀翻海上的小船，严重时还会破坏海港码头、工程设施和海港防护。

风浪能影响到多深的海底？

　　真正作用于海底的风浪不是它的高度，而是它具有的波长，因为风浪的长度才是波浪所及深度的决定性因素。实际上，波浪运动会随着海水深度的加大而不断衰减。而且，风浪对于深水区的海底并不起作用。潜艇只要潜入海底 40 米处，即使处于台风区也只能感受到轻微的影响。如果下潜得更深，比如下潜到海面以下 60 米的深度，再大的风浪也不会对潜艇有什么影响了。

▼ 大海上的波浪

"台风"一词是怎么来的?

　　一说到台风,我们就知道那是一种很有破坏力的风。可对于它为什么有这样一个名字可能就不甚了解了。台风,英文叫typhoon,希腊语、阿拉伯语叫 tufan,发音都和中文十分相似,而在阿拉伯语和英语中都是风神的意思。后来,这个词传入中国,与广东话 Toi Fung 融合在一起,就成为 Typhoon 一词了。

　　其实,台风是一种热带气旋。气象学上,台风专指北太平洋西部(国际日期线以西,包括南中国海)洋面上发生,近中心最大持续风速达到 12 级及以上(即每秒 32.6 米以上)的热带气旋。如果在大西洋或北太平洋东部发生,达到同样强度的热带气旋则称为飓风。

▼ 台风卫星云图

part 2

海洋风貌

什么是海湾？

　　海湾，指的是一片三面环陆的海洋，有 U 字形、圆弧形等，通常以湾口附近两个对应海角的连线作为海湾最外部的分界线。在英语中，据大小和形状的不同，海湾又可被称为 Gulf 和 Bay。例如，深长的海湾，如波斯湾（Persian Gulf）；半圆形的海湾，如渤海湾（Bohai Bay），等等。海湾所占的面积一般比峡湾大。与海湾相对的是三面环海的海岬。

▼ 英国多塞特海湾景观

▲ 阿拉斯加冰河湾的"冰雪幻境"

世界上最大的海湾叫什么？

    孟加拉湾是世界上最大的海湾，属印度洋。孟加拉湾西嵌斯里兰卡，北临印度，东以缅甸和安达曼—尼科巴海脊为界，南面以斯里兰卡南端的栋德拉高角与苏门答腊西北端的乌累卢埃角的连线为界，南部边界线长约 1609 千米。安达曼—尼科巴海脊露出海面的部分，北有安达曼群岛，南为尼科巴群岛，把孟加拉湾与东部的安达曼海分开。湾顶有恒河和布拉马普特拉河巨型三角洲。流入该湾的其他河流有印度的默哈纳迪河、哥达瓦里河和克里希纳河。孟加拉湾总面积为 217.2 万平方千米，总容积为 561.6 万立方千米，平均水深为 2586 米。

    季风对孟加拉湾的表层环流有着强烈的影响。春、夏两季，潮湿的西南风引起顺时针方向的环流；秋、冬两季，受东北风的作用，转变为反时针方向环流。由于孟加拉湾的地形效应，导致了各种作用力的聚焦，因而潮差、静振和内波等现象均较显著。

海洋风貌

什么地方的海水水温夏季可达 30℃以上?

　　波斯湾是水温最高的海湾，夏季水温最高可达 36℃，是印度洋阿拉伯海西北海湾，位于阿拉伯半岛与伊朗高原之间，阿拉伯语称作阿拉伯湾。波斯湾海底和周围陆地是世界上最大的石油宝库，占世界石油储藏量的 53% ~ 58%。石油产量约占世界石油总产量的 1/3，石油输出量占世界石油总出口量的 60%，主要供给世界上经济发达的美国、日本和西欧一些国家。由于波斯湾地处北回归线高压带，气候炎热，海水蒸发量超过注入量，所以就形成了现在这样的气候。

▼ 阿拉伯海风光

▲ 南极海峡

什么是海峡？

    我们一般把两块陆地之间、连接两个海或洋的较狭窄水道称为海峡。海峡的地理位置特别重要，不仅是交通要道、航运枢纽，而且历来是兵家必争之地，因此，人们常把它称之为"海上走廊"或"黄金水道"。海峡一般深度较大，水流也较急。据统计，全世界共有海峡 1000 多个，约有 130 多个适宜航行，其中的 40 多个海峡交通较繁忙或较重要。

海洋风貌

41

太平洋西北部最大的边缘海叫什么海？

日本海是太平洋西北部最大的边缘海，其东部的边界由北起为库页岛，日本列岛的北海道、本州和九州，西边的边界是欧亚大陆的俄罗斯，南部的边界是朝鲜半岛。1815年俄国航海家克鲁森斯特思取名日本海。日本海的水域有6个海峡与外水域相通。

日本海的主要海流是往北流的对马暖流，它是从黑潮分离出来，经过朝鲜海峡流入日本海的。对马暖流的分支叫东朝鲜暖流，沿韩国近岸北上，然后转向东，再与对马暖流相汇合。对马暖流，最后经津轻海峡（津轻暖流）流入太平洋，经宗谷海峡（宗谷暖流）流入鄂霍次克海。

此外，日本海还有三支独有的寒流（朝鲜半岛北部寒流、近海地区寒流和日本海中部寒流）。这些寒流由北往南流，于日本海中部与暖流相混合。这种寒暖交替的海流让日本海物产十分丰富，同时海区具有从南部亚热带到北部亚寒带的不同的自然景观。

▼ 日本海

▲ 太平洋群岛风光

什么是群岛？

　　人们把集合在一起的小型岛屿群体，或彼此距离很近的许多小
型岛屿并称为群岛。最早指多岛海（分布着很多岛屿的海域），如
爱琴海中的岛屿，以后又包括了太平洋图阿莫图低群岛、巴拿马湾
中的珍珠岛等。根据成因，群岛可分为构造升降引起的构造群岛、
火山作用形成的火山群岛、生物骨骼形成的生物礁群岛以及外动力
条件下形成的堡垒群岛四种。世界上主要的群岛有 50 多个，分布
在四个大洋中。其中，太平洋海域中群岛最多，有 19 个，大西洋
有 17 个，印度洋有 9 个，北冰洋中有 5 个。

夏威夷群岛是"火山公园"吗?

夏威夷群岛位于太平洋中部，是波利尼西亚群岛中面积最大的一个二级群岛，共有大小岛屿 132 个，总面积 16650 平方千米。其中只有 8 个比较大的岛能住人，在 1778–1898 年，夏威夷也被称为"三明治群岛"。在夏威夷群岛的 8 个主要岛屿中，瓦胡岛面积不是最大的岛，但它各方面条件好，开发得也早，所以成为这个群岛中的佼佼者。夏威夷的首府火奴鲁鲁（檀香山）坐落在这个岛上，它是几十万人口的大城市，有港口码头和国际机场。人们说要到夏威夷，首先要到达瓦胡岛的火奴鲁鲁（檀香山），这里居住着夏威夷群岛百分之八十的人口，这里还有世界著名的瓦基基海滨沙滩和美国海军基地珍珠港。

夏威夷群岛是火山岛，也是太平洋上有名的火山活动区，因为这些岛屿正位于太平洋底地壳断裂带上，夏威夷群岛都是由地壳断裂处喷发出的岩浆形成的。时至今日，一些岛上的火山口还经常发生火山喷发活动。

▼ 夏威夷火山爆发，熔岩流入海洋

▲ 南极的巨大冰山

冰山是怎样形成的?

冰山是指从冰川或极地冰盖临海一端破裂落入海中漂浮的大块淡水冰，通常多见于南极洲的格陵兰岛周围。冰山大多在春夏两季内形成，那时较暖的天气使冰川或冰盖边缘发生分裂的速度加快。每年仅从格陵兰西部冰川产生的冰山就有约1万座之多。

在冰川或冰盖（架）与大海相会的地方，冰与海水的相互运动，使冰川或冰盖末端断裂入海成为冰山。还有一种冰川伸入海水中，上部融化或蒸发快，使其变成水下冰架，断裂后再浮出水面。

大多数南极冰山是由于南极大陆冰盖向海面方向变薄，并突出到大洋里成为一前沿达数千米长的巨大冰架，逐渐断裂开来而形成的。

海洋风貌

海底离海面有多远？

　　对于海底，人类一直充满着好奇，而我们说的海底，通常是指海洋的深水以下，海水和陆地的接触面。

　　直到 20 世纪 50 年代，科学家们才用现代的技术测绘出海底世界的真实面目。原来，海洋底部同陆地表面一样，也是崇山峻岭，深沟峡谷此起彼伏，高原、盆地、平原和丘陵交错出现。大洋底部的某些地方，地形起伏甚至比陆地表面还要大。比如位于太平洋中部的夏威夷群岛，矗立在 5000 ～ 6000 米洋盆上，露出海面部分就达 4170 米，相对高差近万米，比陆地上的最高峰珠穆朗玛峰还要高。

▼ 海底地形十分复杂

▲ 海底深处的缤纷世界

你知道海底热泉吗？

　　海底热泉是指海底深处的喷泉，原理和火山喷泉类似，喷出来的热水就像烟囱一样，我们现在已经发现的热泉有白烟囱、黑烟囱、黄烟囱。1979年，美国科学家比肖夫博士首次在太平洋2500米处（接近海底）看到这一奇异的景象：蒸汽腾腾、烟雾缭绕、烟囱林立。

　　海底热泉的泉口附近，生活着各式各样的奇异生物，包括红蛤、海蟹、牡蛎、贻贝、螃蟹、小虾等，还有一些形状类似蒲公英的生物——水螅。即使在热泉区以外状若荒漠的深海海底，仍能看到蠕虫、海星和海葵等海洋生物的身影。

海洋风貌

海啸是如何形成的?

　　海啸是由海底地震、火山爆发、海底滑坡或气象变化所引发的破坏性海浪。海啸的波速高达每小时 700 ~ 800 千米,短短几小时内就能越过大洋。海啸的波长可达数百千米,即使传播了几千千米,能量损失也不大。

　　海啸的力量主要受海底地形、海岸线几何形状及波浪特性的控制。虽然在茫茫大洋里,海啸的波高不足 1 米,可是一旦到达海岸浅水地带,由于波长的减短,海浪的波高急剧增高,有时甚至高达数十米。呼啸的海浪每隔数分钟或数十分钟就重复一次,摧毁堤岸,淹没陆地,夺走生命财产,破坏力极大。

▼ 飓风引起的海啸

▲ 印度洋海啸

海啸可以分为几种类型？

　　按照形成的原因，海啸可以分为三类：地震海啸、火山海啸、滑坡海啸。地震海啸发生时，海底地层发生断裂，部分地层出现猛然上升或者下沉，由此造成从海底到海面的整个水层发生剧烈"抖动"。这种"抖动"与平常所见到的海浪大不一样。海浪一般只在海面附近起伏，涉及的深度不大，波动的振幅随水深衰减很快。地震引起的海水"抖动"则是从海底到海面整个水体的波动，其中所含的能量惊人。

　　海底火山的喷发也是引起海啸的主要原因。科学家们认为，驱动火山活动的能量深深地隐藏在地下 65 ~ 80 千米处，一旦这种深埋地下的能量释放出来，那大海就会变成地狱。此外，海底不是平坦的，也像陆地一样有高山深壑，一旦这些地方出现滑坡，同样也会引发海啸。

海洋风貌

海啸发生时为什么会先退后进?

　　海啸来袭之前,海潮总会先退到离沙滩很远的地方,过一段时间之后才重新上涨。这是因为,在大多数情况下,先抵达海岸的都是海啸冲击波的波谷,波谷就是波浪中最低的部分,它如果先登陆,海面势必下降。同时,海啸冲击波不同于一般的海浪,其波长很大,因此波谷登陆后,要隔开相当一段时间,波峰才能抵达。

　　这种情况如果发生在海洋地震震中附近,那也可能是另一个原因造成的:当地震发生时,海底地面会有一个大面积的抬升和下降。这时,地震区附近海域的海水也随之抬升和下降,随后就形成了海啸。

▼ 预防海啸是所有海滨国家及城市必须重视的一个问题

▲ 大陆架是海洋中的桥梁

什么是大陆架?

　　大陆架指的是环绕大陆的浅海地带，是大陆向海洋的自然延伸部分。大陆架通常也被认为是陆地的一部分，又叫"陆棚"或"大陆浅滩"。大陆架有丰富的矿藏和海洋资源，已发现的有石油、煤、天然气，以及铜、铁等 20 多种矿产，其中已探明的石油储量是整个地球石油储量的 1/3，堪称海洋资源的"聚宝盆"。

　　大陆架的形成有两点：一是由于海平面的高度发生了变化，从而使得原本大陆边缘的部分被海水淹没，这样便形成了大陆架；二是地壳的沉降、河流携带的泥沙将海底填平淤高以及海浪侵蚀等，也会"制造"大陆架。

海洋风貌

最大的陆间海是什么海？

　　地中海是最大的陆间海，其位于欧亚板块和非洲板块交界处，由北面的欧洲大陆、南面的非洲大陆以及东面的亚洲大陆包围着，是世界上最古老的海之一。地中海东西长约 4000 千米，南北最宽处大约为 1800 千米，面积 251.6 万平方千米，平均深度是 1500 米，最深处是 5267 米。作为世界上最大的陆间海，地中海拥有许多良好的天然港口，这样的条件使它从古代开始海上贸易就很繁盛，促进了古埃及、古希腊、古罗马的发展，现在也是世界海上交通的重要枢纽之一。

▼ 意大利地中海风光

▲ 加勒比海自然风光

世界上最大的内海在哪里？

　　内海是指陆地与陆地之间的狭窄海域，一般都拥有两个以上的海峡与公海相接。加勒比海是世界上最大的内海，是大西洋西部南北美洲之间的一个海。它的北部和东部的边缘是一连串从墨西哥湾一直延伸到委内瑞拉的岛屿（西印度群岛），包括北部的古巴、海地、多米尼加、牙买加、波多黎各和东部的小安的列斯群岛。其南部是南美洲北部的几个国家，包括委内瑞拉、哥伦比亚和巴拿马。其西部是中美洲的大西洋沿岸国家，包括哥斯达黎加、尼加拉瓜、洪都拉斯、危地马拉、伯利兹及墨西哥的尤卡坦半岛。由于处在两个大陆之间，西部和南部与中美洲及南美洲相邻，北面和东面以大、小安的列斯群岛为界。加勒比海海底可分成 5 个椭圆形海盆，彼此之间被海脊和海隆所分隔，自西向东依次为犹加敦、开曼、哥伦比亚、委内瑞拉和格瑞纳达海盆。

海洋风貌

海底也有大峡谷吗？

如果有机会潜入海底，你会发现从大陆架顺着大陆的斜坡散布着一道道裂谷，两壁高陡，坡度能达到40°，这就是海底峡谷。

这些海底峡谷的谷壁状似悬崖，就像陆地上的峡谷那样陡峭险峻，而且一直延伸到深海海底。峡谷的断面有的呈"V"字形，有的呈"U"字形，有的如同陆地上的河道长达几百千米，还有的就是陆地上的河流在海底的延伸。如刚果河、印度河、恒河等，其河谷向海底延续，经过大陆架一直伸展到大陆坡同海底峡谷连接起来。就以恒河河谷来说，与它相连的海底峡谷，从大陆坡一直伸到3000多米深的海底，又在海底分岔，像树枝那样分散开来，末端一直伸到5000多米深的印度洋底，整个海底峡谷所占面积超过陆地上的恒河流域的面积。切割最深的海底峡谷是巴哈马峡谷，其谷壁高差达4400米，这些都是陆地峡谷难以相比的。

▼ 海底峡谷潜水图

▲ 蜿蜒的海岸线

海岸是怎么划定的?

　　海岸指的是海洋和陆地相互接触和相互作用的地带,包括遭受以波浪为主的海水动力作用的广阔范围,即从波浪所能作用到的深度(波浪基面),向陆地延至暴风浪所能达到的地带。它的宽度可从几十米到几十千米。海岸一般可分为上部地带、中部地带(潮间带)和下部地带三个部分。

　　上部地带,又称为陆上岸带,是因海水作用而形成的阶梯地形,受陆上河流的侵蚀和堆积作用,以及沿岸风的作用,形成沙丘。它的特征是海蚀崖、海蚀穴、海蚀阶地和平台。

　　潮间带,由海滩和潮坪两部分组成,在这一带是海浪活动最积极、作用最强烈的地带。

　　下部地带又称水下岸坡带,就是过去的海岸,而今已下沉到海水底下的地方。一般从低潮时海水到达的地方算起,到波浪、潮汐没有显著作用的地带。

海洋风貌

海底也有"雪山"吗?

　　雪山一般泛指积雪的高山,常年积雪的雪山周围分布着冰川。陆地上有雪山,海底也有雪山吗? 在大西洋中脊裂谷中央有一座高仅2500米的海底小山,终年披着雪白的"婚纱",像一个娇美的新娘,海洋学家把它命名为"维纳斯"。1973年8月,法国和美国海洋学家乘坐"阿基米德"号用深潜器取样后才发现,"雪山"上的积"雪"其实只是一层薄薄的沉积物。

▼ 漂浮在海上的冰山

▲ 浩渺的海洋

海洋中有"暖池"吗？

　　大洋暖池又称热库或暖堆，一般指的是热带西太平洋及印度洋东部多年平均海表温度在 28℃ 以上的暖海区，它的总面积约占热带海洋面积的 26.2%，占全球海洋面积的 11.7%，东西跨越约 150个经度，南北伸展约 35 个纬度，西太平洋暖池的深度为 60～100 米。

　　暖水区是全球空气对流最强烈的地区，且活动持久，是气候异常的源地之一。热带西太平洋暖池区是全球赤道附近大气加热最强的地区。通过卫星资料发现，最大对流中心、最大降水中心（年降水量达 5000 毫米）、对流层绝热加热高中心与西太平洋暖池中心的位置几乎重合。

海洋风貌

海蚀柱景观都出现在哪里？

在青岛东部距岸百米的海边上，有一座十几米高的石柱，形如老人坐在碧波之中，人称"石老人"。你知道"石老人"在等谁吗？

相传，"石老人"原是居住在午山脚下的一个勤劳善良的渔民，与聪明美丽的女儿相依为命。不料，一天女儿被龙太子抢进龙宫，可怜的老人日夜在海边呼唤，望眼欲穿，不顾海水没膝，直盼得两鬓全白，腰弓背驼，执着地守候在海边。后来，趁老人坐在水中托腮凝神之际，龙王施法将老人身体渐渐僵化成石。姑娘得知父亲的消息痛不欲生，拼死冲出龙宫，向已变作石头的父亲奔去。她头上插戴的鲜花被海风吹落到岛上，扎根生长，从而使长门岩、大管岛长满野生耐冬花。当姑娘走近崂山时，龙王又施法把姑娘化为一座巨礁，孤零零地定在海上。从此，父女俩只能隔海相望，永难相聚，而后来人们便把这块巨礁称为"女儿岛"。

其实，"石老人"是我国基岩海岸典型的海蚀柱景观。千百万年的风浪侵蚀和冲击，使山脚下的基岩海岸不断崩塌后退，并研磨成细沙沉积在平缓的大江口海湾，唯独"石老人"这块坚固的石柱残留下来，这才形成了"石老人"的奇观。

▼ 海边柱状节理结构岩石

part 3

海洋植物

海洋植物怎么分类?

辽阔而富饶的海洋是人类最大的宝库,这里不但生活着形形色色的动物,还生长了各种各样的海洋植物。作为海洋世界中最重要的生产者——海洋植物,让辽阔的海洋更加生机勃勃。

海洋植物的形态复杂,从低等的无真细胞核藻类与具有真细胞核的红藻门、褐藻门和绿藻门到高等的种子植物,可以说是应有尽有。这里既有 2 ~ 3 微米的单细胞金藻,也有长达 60 多米的多细胞巨型褐藻;既有简单的海洋植物群体、丝状体,也有具有维管束和胚胎等体态构造复杂的乔木。

海洋植物是海洋世界的"肥沃草原",海洋植物不仅是海洋鱼、虾、蟹、贝、海兽等动物的天然"牧场",而且是人类的绿色食品及用途广泛的工业原料、农业肥料的提供者,还是制造海洋药物的重要原料。有些海藻,如巨藻还可作为能源的替代品。

▼ 使海水呈现黄色的甲藻

▲ 目前，用仪器记录到阳光穿透海水的最大深度是 1000 米

海里的植物没有阳光可以生长吗？

　　和陆上的植物一样，海洋植物的生长同样离不开阳光。海洋绿色植物从海水中吸收养料，在太阳光的照射下，通过光合作用，合成有机物质（糖、淀粉等），以满足海洋植物生活的需要。由于阳光只能透过海水表层，这使得海洋植物仅能生活在浅海或大洋的表层。

海洋植物

哪儿可以找到海藻呢?

海藻主要生长在低潮线以下的浅海区域。这里的海水中含有丰富的矿物质,海浪的冲击力也比较和缓,加上阳光充足,是藻类生活的理想场所,而藻类生长所释放出来的氧气,是动物们呼吸所不可缺少的。可以说,海洋世界之所以如此缤纷热闹,海藻的作用是功不可没的。

▼ 绿藻

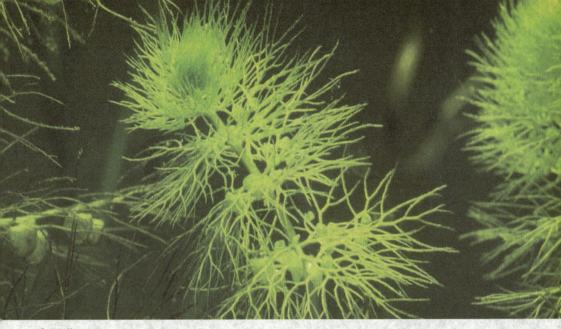

▲ 海藻

海藻是怎样繁殖的?

虽然不像大多数陆上植物那样通过花、果、种子等来繁衍后代，藻类也有自己的一套繁殖方法以适应环境。有些藻类植物的细胞可以直接一分为二，如水绵，可以断成数段，每段再各自成长为独立个体。有些藻类植物可以产生许多长有鞭毛并能够自由活动的孢子，每一个孢子成熟后便会成为一个新的个体。还有些藻类在环境状况不佳时，可产生厚壁的休眠孢子，等到周围环境状况变好了，再萌芽生长成新的个体。

在海藻的一生中，无性生殖与有性生殖常有规则地交替进行，形成复杂的生活史。如我们常吃的紫菜、海带，其生活史具有孢子体及配子体不同的生长形态，其孢子体行无性生殖产生孢子；配子体则产生雌、雄配子，行有性生殖。我们把这种不同生活形态交替进行的生活史称为"世代交替"。

海洋植物

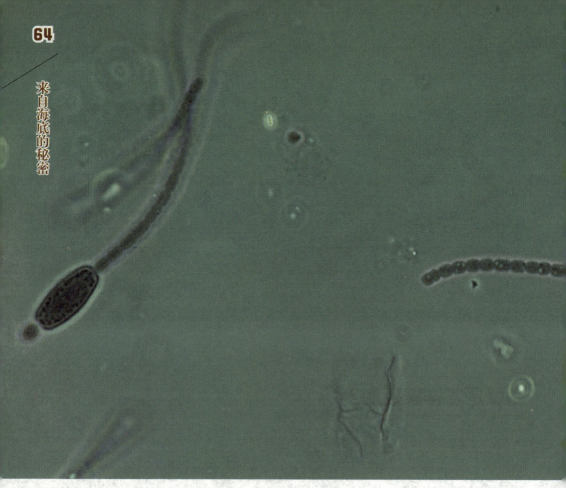

▲ 古老的蓝藻

蓝藻水华是什么意思？

　　蓝藻是一种水生生物，在水体遭到严重有机污染，氮、磷含量超标呈重富营养化状态下，再遇上适宜的温度（气温在 18℃左右）等条件，就可能疯狂生长。蓝藻其实呈绿颜色，大量的蓝藻漂浮在水面上，像一层黏糊糊的"绿油漆"，专家们为它取了个靓丽的名称——蓝藻水华。蓝藻水华爆发时，水中的溶解氧被蓝藻大量消耗，鱼类等其他水生生物因缺氧而死亡，水体不仅变了颜色，还有臭味。

金藻真的是金黄色的吗？

金藻亦称金褐藻，由于色素体内含有的胡萝卜素类和叶黄素类占优势，所以呈黄绿色至金棕色。金藻多数分布在淡水中（海水和咸水中也有分布），通常在透明度大、温度较低、有机质含量少、含钙质较少的软水中最容易出现，在较寒冷的冬季、晚秋和早春等季节生长旺盛。

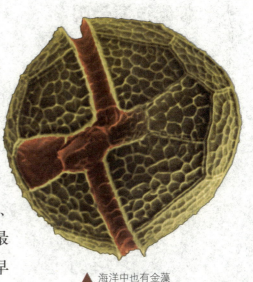

▲ 海洋中也有金藻

紫菜共有多少种？

▲ 紫菜

紫菜是海洋中的低等植物，是红藻类的一种，它的叶盘片形状有圆形、椭圆形、卵形、心形等。全世界现有紫菜 70 余种，仅日本就有 30 余种。紫菜是著名的经济海藻之一，不仅味美色艳，而且营养丰富，含有丰富的蛋白质和维生素。另外，紫菜的蛋白质很容易被人体吸收，作为蛋白质的来源，可以说是一种十分理想的食物。

海洋植物

65

你吃过海带吗？

　　海带是一种外形宽扁似带子的海洋藻类植物，营养价值很高，不仅含有大量的膳食纤维，还含有丰富的碘和钙，素有"长寿菜"的美誉。海带一般长 2 ～ 5 米，宽 20 ～ 30 厘米。（在海底生长的海带较小，长 1 ～ 2 米，宽 15 ～ 20 厘米）海带叶的边缘部分比较薄软，呈波浪褶，基部为短柱状叶柄与固着器（假根）相连。

　　不少干海带表面带有一层类似盐的白色粉末，而鲜海带往往颜色翠绿，这是什么原因呢？其实，干海带表面的白色粉末并不是盐，而是一种叫作甘露醇的物质。海带刚从海里捞出来的时候确实是绿色的，但晾干以后就变成偏黑色了。在购买海带时，选择干海带会更安全一些。在挑选海带时，我们除了尽量挑选干一点、表面有白色粉末及黑灰色的外，还要选择叶块比较整齐，厚度比较均匀的，这样的海带品质才更好。

▼ 渔民打捞海带

▲ 海洋中也有茂密的森林

海洋中也会有森林吗?

　　我们所说的海洋森林,其实指的就是世界上稀有的树种——红树林。红树林是生长在热带、亚热带海岸及河口潮间带特有的森林植被。它们的根系十分发达,盘根错节屹立于滩涂之中。它们具有革质的绿叶,油光闪亮。涨潮时,它们被海水淹没,或者仅仅露出绿色的树冠,仿佛在海面上撑起一片绿伞。潮水退去,则成为一片郁郁葱葱的森林。各种各样的鸟儿在这里歇脚,白鹭、苍鹭、黑尾鸥等都是红树林的常客,甚至还有斑鸠等鸟类长年在较高的树梢上筑巢安家。

海洋植物

什么是海草？

海草是一种生活在温带海域沿岸浅水中的单子叶草本植物。海草有发育良好的根状茎（水平方向的茎），叶片柔软、呈带状，花生于叶丛的基部，花蕊高出花瓣，所有这些都是为了适应水生生活环境。

目前，我国沿海有记录的海草有 8 种之多，包括喜盐草、大叶藻等。海草常在沿海潮下带形成广大的海草场。海草场的腐殖质特别多，是幼虾、小鱼良好的生长场所，同时也有利于海鸟的栖息。大叶藻的叶子细长呈带状，长 30 ~ 150 厘米，宽 0.7 ~ 1.5 厘米，呈鲜绿色，春夏两季生长繁茂，花为淡黄色。虾形藻的分枝较密，匍匐的茎和根固着在岩石上，叶细长，鲜绿色，一般长 30 ~ 140 厘米，宽 0.2 ~ 0.4 厘米，每年的三四月份长出花枝，花被花苞包着。

在我国的北方，沿海渔民常用海草作建造房屋顶的材料。海草具有抗腐蚀、耐用和保暖的特点。

▼ 看似不起眼的海草，却对海洋有着巨大的贡献

▲ 赤潮现象

什么是有毒藻类？

　　通过研究人们发现，能形成赤潮的藻类中，有一些能分泌毒素，包括麻痹性贝毒、神经性贝毒和下痢性贝毒等，其中的一部分能直接杀死鱼虾贝类，另外一些能通过食物链引起人体患病、腹泻或者中毒死亡。

　　一些比较严重的赤潮中毒事件大都是由这类海藻引起的。有毒藻类对人类及水生生物有着巨大的影响，各国已经纷纷对有毒藻类展开研究。虽然科学家对有毒藻类的分类、危害等做了大量的工作，但对有毒藻类目前仍没有明确的、统一的定义。目前，人们将能引发赤潮的藻类称为赤潮藻，而把自身能分泌毒素或者在其代谢过程中能释放毒素的赤潮藻类称为有毒藻类。

海洋植物

part 4

海洋动物

什么是海洋动物?

　　海洋动物是生物界重要的组成部分。我们所说的海洋动物,通常指的是海洋中异养型生物的总称。它们不进行光合作用,不能将无机物合成为有机物,只能以摄食植物、微生物和其他动物及有机碎屑物质为生。

　　海洋动物的门类繁多,各门类的形态结构和生理特点可以有很大差异。微小的有单细胞原生动物,大的长可超过 30 米,重可超过 190 吨。无论是从海上至海底,还是从岸边或潮间带至最深的海沟底,都能找到海洋动物的身影。

▼ 美丽的海底鱼

▲ 海底世界

地球上有多少种海洋动物?

　　海洋是生命的摇篮，处处充满了生命，如气势磅礴的巨鲸、随
波逐流的水母、匍匐海底的海蟹、川流不息的鱼群等。

　　海洋里的动物种类远远多于陆地。一般认为，海洋动物约有
50万种，这里还不包括人类没有发现的一些深海生物和珊瑚礁生
物呢!

海
洋
动
物

你见过鲨鱼吗?

　　海洋中最凶猛的动物莫过于大白鲨了。大白鲨生活在海洋食物链的顶端，拥有一副强有力的下颚，几乎可以撕碎所有被它们捕获的猎物。鲨鱼中体形最大的是鲸鲨，它们以小型海洋生物为食物。有趣的是，由于食物具有某种相似性，经过漫长的生物演化，它们长得和须鲸越来越像（这就叫作"趋同进化"）。于是，"鲸鲨"的名字就变得理所当然了。最小的鲨鱼是侏儒角鲨，它长 20 ～ 27 厘米，重量还不到 1 斤，小到可以放在手上。

 大白鲨

▲ 虽然鲨鱼体形庞大，但它依然可以自如地游弋在海洋中

体形庞大的鲨鱼为什么擅长游泳？

　　虽然鲨鱼的体形庞大，但这完全不影响它游泳的速度。在水中，大白鲨可以以 70 千米／小时的速度穿梭海底，这比奥运百米冠军的速度要快 1 倍。鲨鱼游泳时主要依靠自己的身体，它们能够像蛇一样运动，然后配合尾鳍（主要起到橹的作用）向前推进。至于稳定性和方向性，则主要由背鳍和胸鳍来控制。

　　鲨鱼多数不能倒退，因此它很容易陷入刺网一类的障碍中，一旦陷入就难以自拔。鲨鱼没有鱼鳔，所以这类动物的比重主要由肝脏储藏的油脂量来确定。鲨鱼体内密度比水稍大，也就是说，如果它们不积极游动，就会沉到海底。

海洋动物

▲ 凶猛的大白鲨

海洋中的最佳猎手是谁？

　　大白鲨是海洋中的最佳"猎手"，虽然身体庞大，不如其他鲨鱼那么灵活，可它总能出其不意地攻击猎物。大白鲨的背部呈暗灰色，肚子为白色。由于其上半身和深海的颜色很接近，当大白鲨从下方向猎物发动攻击的时候，一般不易被猎物发现，借助这种保护色，它们猎取猎物的时候总是无往不胜。

一直在游动的鲨鱼睡觉吗？

以前，大家都普遍认为鲨鱼从不睡觉。然而，据佛罗里达州自然历史博物馆的记载，白鳍鲨、虎鲨和大白鲨其实是睡觉的。通常，它们白天睡觉，晚上出来活动。支配鲨鱼游动的器官是位于脊髓的中央测试信号发生器，它能让鲨鱼无意识地游动。当然，因为鲨鱼没有眼睑，我们无法判断它是否在睡觉。

▲ 虎鲨

鲨鱼为什么经常张着嘴游泳？

鲨鱼每侧有 5 ~ 7 个鳃裂，游动时海水通过半开的口吸入，并从鳃裂流出，以此来进行气体交换。其实只有少数几种鲨鱼能停在海底进行呼吸。

▼ 大白鲨

海洋动物

77

珊瑚是植物还是动物？

美丽的珊瑚色泽鲜艳，种类繁多，那它是植物还是动物呢？

虽然从外观上看，珊瑚和树枝的形状很像，可它并不是植物，珊瑚是珊瑚虫肉体腐烂后所剩下的骨骼。珊瑚虫是一种低等的腔肠动物，样子好像一个双层口袋，只在顶部有一个开口，这个开口四周都环绕着触手，上面生长着刺细胞。珊瑚虫利用触手来捕捉食物，并将其送入身体中央的嘴里。由于多数的珊瑚都可以"出芽生殖"，而这些芽也不会离开母体，时间久了就形成一个相连且成树枝状的共同体。海底的珊瑚礁大多就是由这些骨骼堆积而成的。因此，珊瑚既不是植物，也不是动物。

▶ 珊瑚虫的存在使海底世界缤纷多姿

"鲸鱼"的叫法正确吗？

　　鲸是一种生活在海洋中的哺乳动物，它们不仅具有和陆地上哺乳动物相同的生理特征，如用肺呼吸、胎生哺乳等，而且演化出了一些适应水生环境的特殊生理构造，如前肢鳍状化、后肢退化消失，尾巴进化成很大的水平状尾鳍。它们纺锤状流线型的身躯看似鱼类，但是在行为和生理上和鱼类有着本质的区别，比如它们在游泳时尾巴是上下扇动的，而鱼类的尾巴却是左右摇摆的。作为和人类同属的哺乳动物中的一员，与我们有相似之处，比如它们和我们游泳时一样，必须要浮出水面呼吸空气。所以，鲸不是鱼，而是一种哺乳动物。

▼ 在海中翻腾的鲸

海洋动物

体形庞大的须鲸吃什么？

须鲸科是须鲸亚目下最大的一个科，包含了两个属共计9种须鲸，其中包括目前世界上体形最大的动物——蓝鲸。蓝鲸最大体重达300吨以上，体形次大的两种须鲸体重也常突破100吨，就连本科中体形最小的小须鲸，体重也可达到18吨以上。须鲸一般以微生物、浮游生物、软体生物以及小虾、小鱼为食物，因为它们没有牙齿，喉咙又小，不能咀嚼。须鲸吃东西的方式是先喝一大口含有小鱼、小虾的海水，嘴巴闭上之后，再将海水排出去，而鲸须板就负责将那些小鱼、小虾挡住，须鲸就可以将那些食物吃进肚子里了。有些须鲸还有更厉害的办法，那就是松脱自己的下巴，让嘴巴张得更大，吃到更多的食物。另外，在鲸的喉腹部会有一条条的喉腹折，数目50～90条，它可以让须鲸的喉部扩张，这样就可以帮助须鲸吞下更多的海水，吃更多的食物。

▼ 爱吃肉食的虎鲸

鲸是怎么睡觉的?

鲸是哺乳动物,需要用肺呼吸,那它是怎么睡觉的呢?鲸群睡觉,通常会找一个比较安全的地方,它们头朝里,尾巴向外,围成一个圈,浮在海面。一旦听到异常的声音,它们便四散游开。

▲ 座头鲸尾鳍拍击水面

鲸为什么要喷水?

我们知道鲸并不是鱼,它是生活在海洋中的哺乳动物。它虽然生活在水中,但仍然是用肺呼吸的。它的肺容量很大,能够容纳15000多升的空气,所以,它可以长时间地待在水中,但是它仍然要时不时地浮到水面上换气。鲸的鼻孔长在头顶两只眼的中间,当它浮到水面上呼气时,便会将海水也喷到空中,海面上就会出现一股喷泉。

▼ 抹香鲸喷水的场景

海洋动物

海里真有美人鱼吗?

安徒生童话《人鱼公主》里描写的美人鱼，善良而美丽，那么她真的存在吗？事实上，美人鱼并不存在，但海里确实生活着一种长相像人的哺乳动物——海牛，它们并不美。我国南海就有一种长得像海豚的海牛目动物，叫作儒艮。由于雌儒艮的乳房与人乳房的位置相似，当雌儒艮抱着幼仔露出水面时，从远处看就像一个抱着孩子的女人。

▲ 海牛的背影很像美人鱼

海牛是什么样子的?

海牛是一种大型的水栖草食性哺乳动物，可以在淡水或海水中生活。海牛的外形呈纺锤形，颇似小鲸，但有短颈，又与鲸不同。海牛与同属海牛目的儒艮科动物在外观上相近，不同点在于头骨与尾巴的形状，海牛的尾部扁平略呈圆形，外观犹如大型的桨；而儒艮的尾巴则和鲸类近似，中央分岔。成年海牛身长 3 ~ 4 米，体重 600 千克左右，有桨状的脚蹼。

◀ 很会伪装的海马

海牛的远亲是哪种动物？

　　有人说，海牛的身躯和厚厚的皮肤色泽酷似大象，难道它和大象是亲戚吗？据科学家考证，海牛原是陆地上的"居民"，确实是大象的远亲。几亿年前，海牛由于缺乏抵御大自然变迁的能力而被迫下海谋生。进入海洋后，海牛依旧保持食草的习性。海牛吃水草须潜入水中，10 ～ 16 分钟后浮至水面呼吸。

▼ 海牛的远亲——大象

海洋动物

什么鱼长得像马?

▲ 海马

海马,虽然叫马,其实是一种小型鱼类。海马身长 5 ~ 30 厘米,因其头部酷似马头而得名。如果你见到这种动物,肯定会觉得海马是最不像鱼的鱼类了,因为它集合了马、虾、象三种动物的特征于一身,有马形的头,跟虾一样的身子,还有一个如象鼻一般的尾巴。

海马捕食有什么独门绝招吗?

如果你仔细观察海马的全身就会发现,海马其实是标准的"S"形身材,即头部与身子呈直角,胸腹部明显凸出。与一般鱼类不同,海马的尾鳍完全退化了,也没有腹鳍,只有背鳍和胸鳍。海马在水中的时候,几乎是呈直立状游动,但是在背鳍和胸鳍的帮助下,它能够在水中灵活自如地移动。

海马主要依靠它那长长的嘴巴,用一种吸入的方式来捕捉猎物。不过,由于海马嘴巴的有效吸入范围很有限,它必须尽可能地接近猎物,同时还不能带动水流,以免引起猎物的注意。海马的头部狭长,在朝猎物游去时不会推动太大的水流,再加上其特有的身材,它能够十分接近猎物而不被发现。所以,千万别再小瞧海马了,它虽然游得很慢,却能捕食到那些游得很快的猎物!

小海马是谁生出来的?

　　每年的 5 ～ 8 月是海马的繁殖期,在此期间,海马妈妈要把卵产在海马爸爸腹部的育儿袋中。经过 50 ～ 60 天,幼海马就会从海马爸爸的育儿袋中孵出。所以,海马家族主要由爸爸来负责育儿。当然,海马爸爸的育儿袋只是起到了孵化器的作用,真正生出海马卵的还是海马妈妈。

海葵是不是植物?

　　从名字上看,也许你会觉得海葵是一种植物,但实际上它是一种捕食性动物。在海底的珊瑚礁石之间、石头之上,常常能见到像向日葵花瓣一样长着长长触手的海葵,它们有的像一朵小小的金盏菊,有的则像一块铺在海底的长绒小毯皱巴巴地挤在礁石的一角。据统计,全世界有1000多种海葵,从极地到热带,从潮间带到超过10000米的海底深处,都有海葵的分布,而分布数量最多的当属热带海域。

▼ 海葵

海洋动物

海葵怎么吃东西？

　　海葵没有叶绿体，不能进行光合作用，必须以其他的有机食物作为食物。海葵的食物有软体动物、甲壳类和其他无脊椎动物甚至鱼类等。海葵通常会用一种黏性物质将自己贴附在岩石上，如果有鱼类经过，就会被它挥动的有毒触手刺中并送入口中，再由消化腔中分泌的消化酶消化，养料由消化腔中的内胚层细胞吸收，不能消化的食物残渣从口排出。

▼ 躲在海葵中的小丑鱼

谁是海葵的好朋友？

虽然海葵那美丽的触手暗藏杀机，可它却以少有的宽容大度，允许一种 6～10 厘米长的小鱼自由出入并栖身其触手之间，这种鱼就是我们常说的小丑鱼，也叫双锯鱼。一般来说，一个海葵就代表了一群小丑鱼的家，一旦遇到险情，它们就会立即躲进海葵触手间寻求保护。

事实上，小丑鱼长得并不丑，橙黄色的身体上有两道白色宽纹，看起来既娇小又美丽。缺少御敌本领的小丑鱼，与海葵之间保持了一种奇妙的共生关系。海葵保护了小丑鱼，小丑鱼则为海葵引来食物，它们之间互惠互利，各得其所。

▲ 海葵的好朋友——小丑鱼

海星是鱼吗？

海星不属于鱼类，而是对无脊椎动物的统称。古人误以为生活在水里的都是鱼，于是海星就成了"星鱼"。海星是一种生活在大海深处的动物，它们常把扁扁的身体贴在岩石上，展开自己的多个腕足，就像空中闪烁的星星，再加上它们身体的鲜亮颜色，看上去更是美丽迷人。

◀ 颜色艳丽的海星

海洋动物

海象是象吗？

海象是北极地区仅次于白鲸和格陵兰鲸的大型海兽，因其獠牙形似象牙而得名。一般来说，雄海象体长可达4米以上，体重1000多千克；雌海象略小，也有600多千克。海象的眼睛很小，视力也不大好，但是在厚厚的上嘴唇周围却长着许多感觉灵敏的胡须，而且长着两个锋利的大獠牙，这让它可以在海上捕食猎物，却很少碰到对手。

海象的獠牙有什么用？

海象用獠牙抵御敌人的进攻，比如北极熊。有时候，海象也把獠牙当钩子用，把自己从水中拖到冰面上。其他时候，海象把它的獠牙当作锚，漂浮在水中时，就用獠牙抓住冰面。

獠牙也是海象在冰下凿孔，以便呼吸的好工具。当幼崽卡在冰面裂缝中时，它还可以用獠牙来破坏冰块，然后把深陷其中的幼崽救出来。

大部分海象有一对獠牙，这些獠牙其实是海象的上犬齿。一般来说，海象的獠牙可长到99厘米，在海象的一生中獠牙都在不停地生长。

▶ 长牙突出的海象

海象的家园在哪里？

海象主要生活在北极海域，称得上是一种北极特有的动物。不过，因为海象可以做短途的旅行，所以它的身影随处可见。比如从白令海峡到楚科奇海、东西伯利亚海、拉普帕夫海，再到巴芬岛，从冰岛和斯匹次卑尔根群岛至巴伦支海，都可以发现海象的踪迹。不同环境条件造成海象形体上存在一定的差异。因此，生物学家们把海象又分成两种，即太平洋海象和大西洋海象。它们每年 5 ~ 7 月北上，深秋时再南下。

▲ 海象的长牙十分锋利

▼ 在冰雪中栖息的海象

海洋动物

你知道章鱼吗？

　　章鱼，别名"八爪鱼"，属于软体动物门、头足纲、八腕目。它的身体呈囊状，头与躯体分界不明显，有复眼及八条可收缩的腕，每条腕均有两排肉质的吸盘。目前，章鱼广泛分布于世界各地的热带和温带海域，主要在多岩石海底的洞穴或缝隙中栖身。

▼ 太平洋中的巨型章鱼

▲ 正在捕食的章鱼

章鱼喜欢把家安在哪里？

　　章鱼似乎对各种器皿嗜好成癖，渴望藏身于空心的器皿之中。人们曾在英吉利海峡打捞出一个容积为 9 升、瓶口直径不足 5 厘米的大瓶子，发现里面藏着一条身粗超过 30 厘米的章鱼。

　　无独有偶，在距离法国马赛不远的海底，曾发现过一艘古希腊时期的沉船，货舱里遗留的双耳瓶和大型水罐里面，几乎都有章鱼。这艘 3 层楼高的大船，为章鱼提供了数千幢"高级住宅"。

　　鉴于章鱼有钻器皿的嗜好，有些人常常用瓦罐、瓶子一类的渔具捕捉章鱼。除此以外，人们还可以利用章鱼的这一习性，打捞海底沉船上的贵重器皿呢！

海洋动物

章鱼和乌贼有什么区别?

　　章鱼和乌贼主要有以下四点区别:第一,章鱼有八条触手,乌贼有十条触手,而且在体型相同的情况下,章鱼的触手要比乌贼长得多和粗得多;第二,章鱼的身体呈球形,而乌贼的身体呈梭形;第三,章鱼属于穴居性动物,而乌贼没有穴居的习性;第四,章鱼具有较强的领地意识,而乌贼却没有。

▼ 章鱼卵

水母是什么？

　　水母是一种古老的海洋生物，它的出现甚至比恐龙还早，堪称"活化石"。水母是腔肠动物，没有消化系统和呼吸系统，主要以浮游生物和小鱼为食。水母的身体有 95% 以上是水分，并由内外两胚层所组成，两层间有一个很厚的中胶层，不但透明，而且有漂浮作用。水母在运动之时，利用体内喷水反射前进，就好像一顶圆伞在水中迅速漂游。水母的寿命大多只有几个星期或数个月，只有少数深海的水母可以活得长些。目前，全世界的海洋中有超过两百种的水母，它们分布于全球各地的水域里。水母的形状和大小各不相同，最大的水母，触手可以延伸约十米远。

▲ 深海中成群的水母

为什么说水母很危险？

　　看似美丽的水母其实相当凶险，水母伞状体下的那些细长触手，是它的消化器官，也是它的武器，上面布满了刺细胞。刺细胞是一个充满液体的囊，内有一条中空缠绕的管子，刺细胞的表面有一小针称为刺胞针，如同开关一般。当刺胞针受到触动时，刺细胞会马上射出管线，这些含有毒液的管子会使被刺的生物麻痹。触手就将

海洋动物

这些猎物紧紧抓住并收缩回来，用伞状体下面的息肉吸住，每一块息肉都能够分泌出酵素，迅速将猎物体内的蛋白质分解。因为水母没有呼吸器官与循环系统，只有原始的消化器官，所以捕获的食物会立即在腔肠内被消化吸收。箱形水母发出的毒素是世界上毒素之最，目前仍没有任何有效血清可以医治。

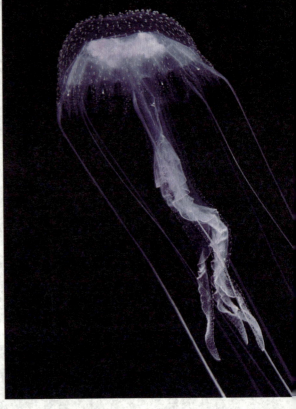

▲ 深海中的水母

水母为什么会发光？

散发着冷蓝色光的水母在海中漂游时，随着身体的弯曲和摆动，其光芒千姿百态，十分优美动人。

那么，水母为什么会发光呢？水母之所以能发光，依赖的是一种神奇的发光蛋白质，这种蛋白质遇到钙离子，就能发出较强的蓝色光。据科学家研究，每一只水母体内大约含有 50 毫克的发光蛋白质，所以水母会发光。

▲ 发光的水母

什么是海贝？

海贝是生长于海洋沿岸的生物。古时候，由海贝串成的饰品，曾经是财富与地位的象征。在我国新石器时代晚期，天然海贝曾被当作货币用于商品交换，是中国最早的古代货币。而在印度洋、太平洋沿岸的许多国家，如印度、缅甸、孟加拉、泰国等国，也曾经将海贝作为货币使用。到了现代，海贝更多被理解为大海里贝壳的统称，常用作饰物或观赏品。

▲ 美丽的贝壳曾经是一种古老的货币

海螺是一种顽强的生物吗？

海螺为暖海产种类，主要栖息在水深 1 ~ 30 米的碎珊瑚底质浅海。和其他动物一样，海螺等软体动物早已适应了千变万化的生存环境。从海水日夜冲刷的岩石到阴暗泥泞的深海海底，到处都能找到这一特殊的软体动物群。

◀ 海螺壳

海洋动物

鹦鹉螺给了人类哪些启示？

　　人类模仿鹦鹉螺排水和吸水的上浮、下沉方式，制造出了第一艘潜水艇。1954 年世界第一艘核潜艇"鹦鹉螺"号诞生，"鹦鹉螺"号总重 2800 吨，共花费 5500 万美元。整个艇体长 90 米，航速平均 20 节，最大航速 25 节，可在最大航速下连续航行 50 天（全程 3 万千米）而不需要加任何燃料。该艇与当时的普通潜艇相比，航速大约快了一倍。整个核动力装置占船身的一半左右。艇体外形与内部、动力仪器与作战装备，都是精密的科学产品与流线型的外貌和简便的控制装配起来的。与普通潜艇相比，"鹦鹉螺"号艇体外壳显得更为厚实，潜水深度在 150 米以下，在深海中行进时，凭其特装的声呐，可以自由探路，绝无触礁撞石的危险。

▼ 人类从鹦鹉螺的排水和吸水方式上受到启发，制造出了第一艘潜水艇

为什么海参深受人们喜爱？

海参又名刺参、海鼠、海瓜，是一种
名贵的海产动物，因补益作用类似人参
而得名。海参肉质软嫩，营养丰富，是
典型的高蛋白、低脂肪食物，滋味腴美，

▲ 活着的野海参

风味高雅，是久负盛名的名馔佳肴，是海味"八珍"之一，与燕窝、
鲍鱼、鱼翅齐名，在大雅之堂上往往扮演着"压台轴"的角色。

海参也是伪装高手吗？

海参在地球上繁衍的时间比原始鱼类更早，大概在六亿多年前
的前寒武纪就开始存在，曾数度见证地球的变迁，是现存最早的生
物物种之一，有"海洋活化石"之称。

海参体呈圆筒状，长 10 ～ 20 厘米，色暗，多肉刺。口在前端，
多偏于腹面。肛门在后端，多偏于背面。背面一般有疣足，腹面有
管足。内骨骼退化为微小骨片。多数海参从口到肛门有 5 行管足。
肛孔兼司呼吸和排出废物功能。口周围有 10 根或更多能伸缩触手，
用于捕食或掘穴。

海参能随着居处环境的改变而变化体色。比如，生活在岩礁附
近的海参，为棕色或淡蓝色；而居住在海藻、海草中的海参则为绿
色。海参的这种体色变化，可以有效地躲过天敌的伤害。

海洋动物

97

什么鱼被称为"水中鸳鸯"？

蝴蝶鱼对爱情忠贞不渝，大部分都出双入对，好似鸳鸯，所以人们把它们称为"水中鸳鸯"。它们成双成对在珊瑚礁中游弋、戏耍，总是形影不离，当一尾进行摄食时，另一尾就在其周围警戒。

蝴蝶鱼是近海暖水性小型珊瑚礁鱼类，身体侧扁，适宜在珊瑚丛中来回穿梭，它们能迅速而敏捷地消失在珊瑚枝或岩石缝隙里。有些蝴蝶鱼，如细纹蝴蝶鱼，经常进入珊瑚洞穴去捕捉无脊椎动物。

▼ 被誉为"水中鸳鸯"的蝴蝶鱼

▶ 被捕获的
旗鱼

谁才是"海洋游泳高手"？

　　旗鱼的种类较多，主要有真旗鱼、目旗鱼、黑皮旗鱼、芭蕉旗鱼等，其习性大同小异。旗鱼一般重60千克以上，有的可达600千克。前颌骨和鼻骨向前延伸，构成尖长喙状吻部，形似宝剑。体呈青褐色，有灰白色圆斑。第一背鳍长而高，有黑色斑点，像随风飘展的旗子，故称旗鱼。

　　旗鱼可算是动物中的游泳冠军了，它的一般游泳速度约为90千米／小时，短距离可达110千米／小时左右。大家都知道，海豚是游泳能手，但它也没有旗鱼游得快，它的时速约为60千米／小时。而根据游泳速度记录，海洋动物游泳比赛的领奖次序依次为旗鱼、剑鱼、金枪鱼、大槽白鱼、飞鱼、鳟鱼，然后才轮到海豚。

　　旗鱼游泳的时候，放下背鳍，以减少阻力。长剑般的吻突，将水很快向两旁分开，不断摆动尾柄尾鳍，仿佛船舶上的推进器那样。加上它那流线型身躯和发达的肌肉，摆动的力量很大，于是就可以像离弦之箭那样飞速地前进了。

海洋动物

你了解可爱的海豚吗？

　　海豚与鲸同属一个家族，它们都有一个发达的大脑，而且脑沟很多，智力十分发达。

　　雌海豚一年怀胎。如果有雌海豚在水中分娩，其他雌海豚会聚集在一起，以防范鲨鱼和虎鲸的入侵。初生的小海豚重约 10 千克，占母亲体重的 5%，体长为母亲的 45%。小海豚一离开母体便向水面游去，吸一口新鲜空气，随后便紧随雌海豚身旁。如果海豚母亲离开自己的孩子去寻找食物，其他海豚会细心照顾新生的小海豚。一年后，小海豚的体重猛增到 64 千克左右，体长为 0.6 ～ 0.7 米。

▼ 可爱的海豚

▲ 玩耍的海豚

海豚最早是生活在陆地上吗？

　　在鲸类王国里，要数海豚家族——海豚科的种类最多了，全世界已知共有 30 多种海豚。有的种类虽名叫"鲸"，如虎鲸、伪虎鲸，其实也是海豚家族中的成员。

　　海豚，还有鲸与鼠海豚，都是由陆生哺乳类演化而成的，现代海豚的骨骼中，位于骨盆处有两只棒状的骨头被认为是退化的后肢。2006 年 10 月，人们在日本海捕获了一只特殊的瓶鼻海豚，它的生殖器夹缝旁边有两片鳍，这个特征被科学家们认为是退化的四肢的一个显著特点。

海洋动物

"海豚杀婴"是怎么回事？

　　宽吻海豚经常被人认为是一种愉快、温和的动物，但是这种海豚，尤其是雄性海豚，会为了抢夺雌海豚而发生争斗，有时甚至还有"杀婴"行为。也就是说，雄性会杀死那些没有与其交配的雌性的幼崽。研究发现，这是一种繁衍策略，能使雌海豚在失去幼崽的数月内变得可以受孕。

▼ 海豚非常温顺可爱，一直是人类的好朋友

▲ 游动的比目鱼

比目鱼的眼睛在同侧有什么好处呢？

比目鱼的样子很特别，两眼完全在头的一侧，有眼的一侧身体表面颜色较深，另一侧为浅色或白色。其实，刚孵化出来的小比目鱼，眼睛也是生在头的两边，当它长到大约 3 厘米长的时候，眼睛就开始"搬家"了——一侧的眼睛向头的上方移动，渐渐地越过头的上缘移到了另一侧，直到接近另一只眼睛时才停止。

比目鱼的生活习性非常有趣，在水中游动时不像其他鱼类那样脊背向上，而是有眼睛的一侧向上，侧着身子游泳。它常常平卧在海底，在身体上覆盖一层沙子，只露出两只眼睛以等待猎物，继而乘机捕食。这样一来，两只眼睛在一侧的优势就显示出来了，因此一代一代遗传下来。那么，比目鱼的眼睛为什么会出现这种变化呢？

据资料表明，比目鱼侧卧在海底的泥沙上，为了觅食和防备敌人从背后袭击，眼睛就向着有光亮的上方，天长日久头骨就发生了变化，靠海底一侧的那只眼睛就移到了向着光亮的一面，嘴也渐渐移动位置对着海底。贴近海底的一面由于不需要颜色来保护，就变成了白色，而另一面需要颜色来保护，就变成和泥沙一样的颜色。

海洋动物

海兔是兔子吗？

　　海兔，名字中虽然有个"兔"字，却与陆地上的兔子全无亲缘关系。海兔是一种像蜗牛一样的软体动物。也许你会问：蜗牛背上有壳，海兔也有壳吗？其实，海兔身上原本也是有壳的，只是海兔身上的壳已经退化成了一层薄而透明的角质膜，隐藏在背部的外套膜下面，从外表上根本看不出来。海兔的头顶长着两对触角：前一对短，专管触觉；后一对长，专管嗅觉。由于这两对触角看起来像兔耳，因此，被称为海兔。

什么是蝠鲼？

　　蝠鲼是鳐的近亲，从生物学角度上说，它并不是一个具体物种，而是一个生物属，包括鲨纲、蝠鲼科等。蝠鲼体扁平，宽大于长，胸鳍长大肥厚如翅膀状，尾长，鞭状，以头鳍扫拢浮游生物及小鱼为食，经常在珊瑚礁附近巡游觅食，性情温和。

▼ 蝠鲼

为什么蝠鲼被叫作"魔鬼鱼"？

蝠鲼头前长有由胸鳍分化出的两个突出的头鳍，就像魔鬼头上的角一样，所以人们又把它叫作"魔鬼鱼"。虽然蝠鲼没有攻击性，但在受到惊扰的时候，它的力量足以击毁小船。蝠鲼的个头和力气常使潜水员害怕，因为一旦它发起怒来，只需用那强有力的"双翅"一拍，就会拍断人的骨头，置人于死地。

▲ 蝠鲼特写

蝠鲼的习性也十分怪异。它性情活泼，常常搞些恶作剧。有时它故意潜游到海中航行的小船底部，用体翼敲打着船底，发出"呼呼、啪啪"的响声，使船上的人惊恐不安；有时它又跑到停泊在海中的小船旁，把肉角挂在小船的锚链上，把小铁锚拔起来，使人不知所措；又或是用头鳍把自己挂在小船的锚链上，拖着小船飞快地在海上跑来跑去，使渔民误以为这是"魔鬼"在作怪。也许正是因为如此，人们慢慢地开始叫它"魔鬼鱼"。

海洋动物

海里也有蜥蜴吗？

在厄瓜多尔加拉帕戈斯群岛的海岸上，栖息着一种外貌很像史前动物的爬行动物，乍一看它们，那古怪的样子着实令人生畏。有人把它们称作"龙"，其实这并不是龙，而是海鬣蜥。海鬣蜥是世界上唯一能适应海洋生活的蜥蜴。海鬣蜥主要栖息在岩石海边，但也会出没在沼泽及红树林。

▲ 海鬣蜥

海鬣蜥为什么偶尔戴"白帽子"？

海鬣蜥是世界上唯一能在海洋里生活的蜥蜴，体长从25厘米到60厘米不等，头顶部有一瘤状突起，而且还戴着一顶"小白帽"。

原来，在海鬣蜥的鼻孔与眼睛之间，有一个盐腺，能把海鬣蜥进食时带进的盐分贮存起来。当盐腺被装满后，海鬣蜥就高高地昂起头，打一个强劲的喷嚏，而含盐的液体就被射向空中，又会落在自己头上，等盐液变干结成壳时，就成了一层"小白帽子"。

◀ 一只海鬣蜥探出头来

海狮的名字是怎么来的？

海狮因脸部与狮子的脸相似而得名，是海中的哺乳动物。它与海豹同属鳍足类，因为它们的四肢都已演化成鳍的模样，方便在海洋中活动。其中，北海狮（又叫北太平洋海狮、斯氏海狮、海驴等）是海狮中体形最大的一种海狮，素有"海狮王"的美称。

▲ 海狮是一种濒危动物

海狮以鱼类和乌贼为食，不过它们也爱吃磷虾，有时在饥饿的时候甚至会吃企鹅。海狮的食量很大，所以它们大部分时间待在海里捕食，填饱自己的大胃口，以补充需要的能量。

海狮是一种应用价值很高的动物，在科学研究上占有重要的角色，同时海狮也是一种濒危物种，在我国为国家二级保护动物。

▼ 海狮

海洋动物

海豹长什么样？

▼ 水族馆中的海豹

　　海豹是一种海洋哺乳动物。海豹的身体呈纺锤形，适于游泳。头部圆圆的，貌似家犬，全身被短毛。海豹有一层厚的皮下脂肪保暖，既能提供食物储备，也能产生浮力。

　　海豹的前脚较后脚为短，覆有毛的鳍脚皆有指甲，指甲为五趾。耳朵变得极小或退化成只剩下可自由开闭的两个洞。游泳时，海豹大都靠后肢，但后肢不能向前弯曲，脚跟已退化，与海狮及海狗等相异。海豹不能行走，所以当它在陆地上活动时，总是拖着累赘的后肢，将身体弯曲爬行，并在地面上留下一行扭曲的痕迹。

▼ 海豹戏水

▲ 企鹅是游泳高手

企鹅为什么可以喝海水?

　　一提到南极,人们首先想到的便是那憨态可掬的企鹅。企鹅是南极的象征,据说生活在南极的企鹅数量占了南极鸟类的90%以上。

　　企鹅虽然不会飞,但是跑起来却很快,游水的本领也不差,可以和鱼类媲美。饿了可以吃海水中的鱼、虾和软体动物,渴了张嘴就能喝咸海水。我们知道海水又苦又咸,越喝越渴,可是,企鹅为什么能喝咸海水呢?原来,企鹅的鼻子里有许多的"鼻腺",可以随时排出鼻涕。这样,它身体里多余的盐就随着鼻涕被排出体外。所以,企鹅是不怕咸海水的。

海洋动物

为什么企鹅不怕冷？

▲ 憨态可掬的小企鹅

企鹅生活在地球上最寒冷的南极。南极的最低气温接近零下100℃。企鹅为什么能在如此寒冷的环境中生存呢？其实，这是因为企鹅身上长满了又密又细软又不透水的羽毛，而且在羽毛的下面还长有密密的绒毛紧紧裹着身体，就像穿着羊绒袄和羽绒大衣一样，这样它就既不怕水也不怕寒冷了。此外，在企鹅的皮肤下面有一层很厚的脂肪，这层脂肪也起到了特别好的保温作用。正是因为这样，企鹅才能够在寒冷的南极生存下来。

为什么海龟被称为"万年龟"？

海龟早在2亿多年前就出现在地球上了，是有名的"活化石"。据《世界吉尼斯纪录大全》记载，海龟的寿命最长可达152年，是动物中当之无愧的老寿星。正因为海龟是海洋中的长寿动物，所以沿海的人们将海龟视为长寿的吉祥物，这样便有了"万年龟"的说法。

◀ 海底平原上游弋的海龟

海洋中有多少种海龟？

　　海龟是海洋龟类的总称，是所有龟鳖类动物中唯一生活在海洋的物种。海龟广泛分布于除北冰洋外的全球海域中。它的背上有壳，花纹较一般陆龟或河龟更为复杂，壳的外形呈扁平流线型，脚为船桨状。

　　成年海龟的四鳍及头极易受到凶猛鱼类（如鲨鱼等）的

▲ 棱皮龟

攻击，母龟在产卵后也可能成为鳄鱼、豹子和蚂蚁等陆生食肉动物的食物。小海龟出生时，鸟类也会以它们为食。到了水中，小海龟也会成为一些海生动物（如章鱼、鲨鱼等）的食物。

　　目前，海洋里共生存着7种海龟：棱皮龟、蠵龟、玳瑁、橄榄绿鳞龟、绿海龟、丽龟和平背海龟。现在，所有的海龟都被列为濒危动物。

◀ 海龟的天敌之———鳄鱼

海洋动物

来自海底的秘密

为什么海龟会"流泪"?

  长期与海水为伴的动物，都会有这种看似"流泪"的排盐现象。海龟流眼泪，其实也是在排盐。

  因为海龟整天吃着含盐分比较多的动物和植物，喝着又苦又咸的海水，它的身体必然积存不少多余的盐分。海龟要想排除这些多余的盐分，就要靠长在眼窝后面的盐腺完成。盐腺能把进入海龟体内的多余盐分，通过眼睛边缘慢慢地排泄出来，看上去好像海龟在"流泪"。

▼ 一只在沙滩上的海龟

▲ 螃蟹

为什么螃蟹横着走？

　　大多数动物"走路"都是直行，为什么螃蟹却偏偏要横行呢？其实，螃蟹的祖先并不是这样行走，后代的"横行"也不是出于自愿，而是适应环境的结果。螃蟹的头胸部有两对触角，第一对触角内有平衡囊，其中有几颗靠地磁定向的小磁粒。螃蟹的祖先就是依赖它来辨别方向的。后来，地球的磁场几经颠倒，它的小磁粒罗盘的作用也随之而变，常搞得晕头转向。为了适应环境，减少麻烦，螃蟹不得不采用折中的办法——以不变应万变，既不向前也不向后，干脆左右横行了。这种习性代代遗传下来，那么，现在绝大多数蟹类都显"横行霸道"的风格了。

海洋动物

113

螃蟹为什么吐泡泡？

螃蟹是用鳃呼吸的，它的鳃长在身体背部两侧，并且由许多像海绵一样的鳃片组成，能吸进很多水。所以，当它离开水时，在一定时间内，还可靠鳃中的水呼吸。而鳃中的水和空气大量接触，并且一起被吐出鳃外时，就形成了无数的气泡。

鱼的年龄通过什么来判断？

要想知道树木的年龄，只要看一下它的年轮就行了，同样，鱼的年龄也可以从鱼鳞上的年轮看出来。在鱼鳞片上面有一圈一圈的环带线，环带之间的距离有宽有窄。这是因为春夏季节鱼生长得快，鱼鳞上环带宽、颜色浅；秋冬季节鱼生长得慢，鱼鳞上环带窄、颜色深。所以，根据环带的宽窄变化，就可以算出鱼的年龄来，而且鱼鳞片越厚，鱼的年龄越大。

▼ 古老的鱼化石

▲ 水中自得其乐的鲤鱼

鱼是怎样呼吸的?

生物都是从空气中吸进氧气呼出二氧化碳而生存的。鱼在水里也不例外，只是它不像人那样用鼻孔呼吸，鱼的鼻孔和口腔不相通，是靠鳃呼吸的。鱼的鳃上有很多细管，当鱼吸水时，水从嘴里进来经过鳃片，而水中的氧气进入细管里，然后传到全身各个部位，身体内的二氧化碳也通过鳃片排到水中。鱼就是靠着鳃在水中不停地呼吸而生存的，平常看到鱼在喝水，实际上它是在呼吸。

海洋动物

海豚为什么聪明?

　　人类和海豚是好朋友,同时也惊叹它的聪明。它的大脑与身体重量的百分比远远超过黑猩猩,是和人类最接近的头脑发达的动物。现代科学甚至认为,海豚可能是人类直接的祖先。

　　它愿意同人类交往,经过训练能很快学会人类的简单音节,懂得人类的语言,并与人交谈。海豚还有充当水下侦察员、传送军事情报及排除水雷的本领呢!

鱼会不会睡觉?

　　鱼会睡觉,它和人一样要活动和休息,不过,鱼睡觉的时间和方式与人不一样——鱼是睁着眼睛睡觉的。鱼睁着眼睛是因为它没有长眼皮,所以只有睁着眼睛睡觉。鱼睡觉时间很短,并且很警觉,我们常看到鱼在水中静止不动,鳃一开一合地活动着,这就是鱼在睡觉。不同的鱼睡觉时间也不同,有的白天睡觉,有的晚上睡觉。

▼ 鱼睡觉时往往睁着眼睛

▲ 将海藻缠绕在身上的海獭

为什么说海獭睡觉很有趣？

　　海獭睡觉十分有趣。夜幕降临的时候，有的海獭也爬上岸来，在岩石上睡觉，但大多数时间海獭却是在海面上睡觉的。它们寻找海藻丛生的地方，先是连连打滚，将海藻缠绕在身上，或者用自己的上肢抓住海藻，然后枕浪而睡，这样可避免在沉睡中被大浪冲走或沉入海底的危险。海獭的这种睡觉方式可以有效地抵御来自岸上的威胁，即便受到敌人的攻击或者惊扰，大多数海獭会立即潜水逃跑，也常有少数成员留下来，以探明引起骚动的原因。然而，一旦发现确有危险时，就用尾巴"噼啪噼啪"地猛击水面，以此作为报警信号，通知其他成员赶快逃走。

海洋动物

谁是含蛋白质最高的生物？

　　磷虾是一种类似虾的海洋无脊椎动物，有时也专指南极磷虾。磷虾分布于世界各大洋，是许多经济鱼类和须鲸的重要饵料。同时，由于磷虾是含蛋白质最高的生物，也是渔业的捕捞对象。

　　磷虾是食物链中一个很重要的元素。南极磷虾直接进食浮游植物，然后把初级生产能量转换为较大动物可吸收的形式，这些较大的动物并不会直接进食浮游植物，而会进食磷虾，从而获得那些能量。南极磷虾的资源丰富，南冰洋预计有若干亿吨，被誉为"世界未来的食品库"。

▲ 磷虾

磷虾油有什么特殊的营养？

　　磷虾油的好处是能够保护人的心脏、血糖水平、肝、胆固醇水平，还具有抗老化性能。磷虾油还可以改善皮肤组织，增强全身的免疫系统。磷虾油含有高质量的胆碱，可以促进婴儿和儿童的大脑发育。磷虾油优于任何其他鱼油的主要理由是保护易腐脂肪。

什么虾被称为"虾中之王"？

　　龙虾因其头部长着一对形似龙须的大螯而得名，体长 20 ~ 40 厘米，重约 0.5 千克，大者可达 3 ~ 4 千克，是海洋中体形最大、色彩最迷人的爬行虾类，被誉为"虾中之王"。龙虾在全世界都有分布，以热带、亚热带海域中的数量和种类最多，它们常栖息于珊瑚礁和岩礁密布的沿海地带。

▼ 龙虾

龙虾都吃什么？

　　龙虾是偏动物性的杂食性动物，但食性在不同的发育阶段稍有差异。刚孵出的幼体以其自身存留的卵黄为营养，之后不久便摄食轮虫等小浮游动物，随着个体不断增大，摄食较大的浮游动物、底栖动物和植物碎屑。成虾兼食动植物，主食植物碎屑、动物尸体，也摄食水蚯蚓、摇蚊幼虫、水草小型甲壳类及一些水生昆虫。在人工养殖情况下，幼体可投喂丰年虫无节幼体、螺旋藻粉等。成虾可投喂人工配合饲料，或以人工配合饲料为主，辅以动、植物碎屑。在生长旺季，池塘下风处浮游植物很多的水表面，能够观察到龙虾将口器置于水平面处，用两只大螯不停地划动水将水面藻类送入口中的现象，由此表明龙虾甚至还会吃水中藻类。

▼ 威武的虾钳

龙虾喜欢住在哪里？

龙虾喜欢栖息在水草、树枝和石隙等隐蔽物中。龙虾白天大多隐藏起来，很少活动，傍晚太阳下山后开始活动，多聚集在浅水边爬行觅食或寻偶。如果受到惊吓，龙虾会迅速逃回深水中。

▲ 尽管龙虾样子非常威武，但是它的胆子却非常小

鲍鱼是鱼吗？

鲍俗称鲍鱼，但它并不是鱼，而是一种带壳的海生贝类，因为形状有些像人的耳朵，又被称为"海耳"。它的壳上有 9 个小孔，既是触手伸出的地方，又可通气，有人称它为"九孔螺"。鲍鱼生活在海水清澈、水流畅通、海藻丰茂的海域，可以利用肥大的肉足吸附在岩石上。鲍鱼的吸力惊人，一只 15 厘米长的鲍鱼，其附着力可达 200 千克。鲍鱼的壳也是著名的中药，古书上又把它叫作千里光，因其能明目而得名。

◀ 鲍鱼

海洋动物

海里也有毒蛇吗?

　　海蛇是一类终生生活在海洋里的爬行动物,亦称"青环海蛇""斑海蛇"。其躯干略呈圆筒形,体长 1.5 ~ 2 米,后端及尾侧扁。海蛇腹部呈黄色或橄榄色,全身有黑色环带 55 ~ 80 个。

　　世界上海蛇约有 50 种,它们和眼镜蛇有密切的亲缘关系,均为剧毒蛇。世界上大多数海蛇都聚集在大洋洲北部至南亚各半岛之间的水域内。在我国,海蛇主要分布在辽宁、江苏、浙江、福建、广东、广西和台湾近海等地。

▼ 海蛇是一种毒性非常强的毒蛇

海蛇吃什么？

　　海蛇对食物是有选择的，很多海蛇的摄食习性与它们的体型有关。有的海蛇身体又粗又大，脖子却又细又长，头也小得出奇，这样的海蛇几乎全是以鳗鲕为食。有的海蛇以鱼卵为食，这类海蛇的牙齿又小又少，毒牙和毒腺也不大。还有些海蛇很喜欢捕食身上长有毒刺的鱼，在菲律宾的北萨扬海就有一种专以鳗尾鲶一类的大型鱼类为食的海蛇。这些大型鱼类身上的毒刺非常厉害，甚至能将人刺成重伤，可是海蛇却毫不在乎。除了鱼类以外，海蛇也常袭击较大的海洋生物。

▲ 海蛇特写

海蛇的天敌有哪些？

　　海蛇也有天敌，比如海鹰和其他肉食海鸟就以海蛇为食，而且只要一看见海蛇在海面上游动，它们就会疾速从空中俯冲下来，衔起便远走高飞。海蛇虽有剧毒，可它一旦离开了水就会失去进攻能力，而且几乎完全不能自卫了。

海洋动物

◀ 鹰自古就是蛇类的天敌

眼镜蛇与海蛇哪个毒性更大？

海蛇的毒液属于最强的动物毒，比如钩嘴海蛇毒液相当于眼镜蛇毒液毒性的 2 倍，是氰化钠毒性的 80 倍。海蛇毒液的成分是类似眼镜蛇毒的神经毒，然而奇怪的是，它的毒液对人体损害的部位主要是随意肌，而不是神经系统。海蛇咬人无疼痛感，其毒性发作又有一段潜伏期，被海蛇咬伤后 30 分钟甚至 3 小时内都没有明显中毒症状，然而这很危险，容易使人麻痹大意。实际上，海蛇毒被人体吸收非常快，中毒后最先感觉是肌肉无力、酸痛，眼睑下垂，颌部强直，有点像破伤风的症状，同时心脏和肾脏也会受到严重损伤。一般被咬伤的人，可能在几小时至几天内死亡。

多数海蛇是在受到骚扰时才伤人的。世界上最毒的动物是"毒蛇之王"——细鳞太攀蛇，它的毒液是眼镜蛇的 20 倍，其一次排出的毒液能在 24 小时内毒死 25 万只小白鼠，而海蛇的毒性和它差不多。所以，二者并列为世上最毒的毒蛇。

◀ 陆地毒蛇之王——眼镜蛇

海狗的食物都有哪些?

　　海狗食性极广,主要有头足类的软体动物、东方鳕鱼、阿拉斯加鳕鱼、鳟鱼、八目鳗、狼鱼、各种海鞘等。特别有意思的是,在海狗胃中常常发现石块,重量可达 200 ～ 400 克。有人认为,它们吞食石头的目的是为了调节身体平衡,石头可起到降低其脂肪浮性的作用。还有很多人则认为,这些石头犹如鸟素嗉里的沙粒用以磨碎谷物一样,用于磨碎食物,起帮助消化的作用。

▼ 海洋里丰富的鱼类为海狗提供了充足的食物来源

海洋动物

125

最懒的海洋动物是什么?

如果你翻阅《海洋大百科》,会发现一种动物特别喜欢趴在别的动物身上睡大觉,这就是在退潮时常常见到的藤壶了。藤壶能一动不动地躺在岩石山上蒙头大睡,而且在大型甲壳类动物的身上也有它们睡眠的身影。

藤壶不但贪睡,而且相当粗心。它附着在航行的船上,可以跟着大船来个免费长途旅游,却丝毫没意识到自己影响了行船的速度。有经验的船员每过一段时间,总要清理一下船底附着的大量藤壶。不然,船走得就太慢了。

藤壶是身披甲板的小甲壳虫,是雌雄同体的生物,它的生殖能力非常强大!

那么,为什么要起藤壶这个名字呢?原来,它的形状如同顶端开口的小茶壶,只是没有柄而已。藤壶由四片小甲片组成,显得玲珑别致,再配上白色的外衣,往地上一站,简直像个旷野牧场的小帐篷。涨潮的时候,它们和海浪一起涌向岸边;退潮的时候,它们又像小蟹一样迈着拙笨的小腿,急匆匆地乱爬,尽快地躲在石头、岩礁或海藻下隐藏起来。藤壶主要以浮游生物为食,在吃东西时常常把羽毛一样的手臂伸来缩去,造成小漩涡,自如地把浮游生物送入口中。藤壶虽然很懒,但却是一个恋乡的动物,有时候在同一地点可以度过大半生。

▲ 藤壶

你能辨别海洋中的"毒鱼"吗？

海洋中的"毒鱼"有几种：一种是鱼体内具有特殊的毒腺，这些毒腺能够制造毒液，并将其输送到牙齿和棘刺中；另一些鱼没有毒腺，而是在肉、卵或内脏中含有毒素；还有的鱼则是两种毒素兼而有之。这些毒液和毒素可造成不同的后果——痉挛、神经系统受损害、脑损伤或心脏停搏，甚至危及生命。

▲ 一些鱼类用毒保护自己

在所有的水下凶手中，最危险的要算生活在珊瑚礁间的"石鱼"了，它的学名叫毒鲉，相貌极其丑陋，披一身暗褐色或灰黄色的皮，背鳍有 12 根粗大的毒棘，经常栖息在浅水的礁石之间。当它们遇到危险或发现捕食对象时，会立即张开身上所有的毒棘，刺向对方。这些尖利的棘能够刺穿人的脚跟，受害者会很快失去知觉。如果大血管被刺穿，两三个小时之内人便会死亡。毒鲉分布很广，红海、印度洋沿岸，以及澳大利亚、印度尼西亚和菲律宾沿岸水域都可见到，我国南海及东海也有毒鱼科的一些种属。

自然界中存在的有毒鱼类至少有 1200 种，除了毒鲉属，还有狮子鱼、鲉科、瞻星鱼、蟾鱼目等。有研究显示，鱼类体内的这些毒素除了具有防御功能外，还可杀死隐藏在鱼鳞中的细菌，从而更好地保护自己。

海洋动物

127

鱼也能发电吗?

我们在日常生活中离不开电,你知道一些鱼类也有专门的发电器官吗?

目前已知世界上能发电的鱼有 500 多种,而目前人类还只研究了 20 多种。就拿电鳐来说吧,它是海洋中能发电的鱼,是沿海常见的一种软骨鱼类。电鳐的发电器官在身体中线两旁,它能放出 80 伏特的电压,最高可达 200 伏特。电鳐体内的电板是由肌肉纤维演变而成的,电鳐体内有 200 万块电板。虽然单个电板的电压不高,但是把它们串联起来,就会产生很高的电压。

电鳐的特殊本领早在古希腊和古罗马时代就引起了人们的注意,于是电鳐的电力被利用来医治疾病。19 世纪,意大利物理学家伏特以电鳐的发电器官为模型,设计出最早的伏打电池。由于这种电池是根据电鳐的天然发电器官设计的,所以又叫"人造电奇观"。伏打电池是世界上第一个直流电源。近年来,人们仿照放电鱼的发电器官,制造出"电子手""电子腿"等。

这些仿造生物制造的电子产品,运用于工业生产和医疗救护上,极大地减轻了人的劳动强度,提高了生产效率。

◀ 电鳐的小口细牙

鱼也能爬树吗？

鱼类在水中生活的主要呼吸器官是鳃。鱼离开水，鳃丝干燥，彼此黏结，阻止呼吸，生命也就停止了。然而，在我国沿海却生活着一种能够适应两栖生活的弹涂鱼。

弹涂鱼体长 10 厘米左右，两眼在头部上方，似蛙眼，视野开阔。它的鳃腔很大，鳃盖密封，能贮存大量空气。腔内表皮布满血管网，起呼吸作用。它的皮肤亦布满血管，血液通过极薄的皮肤，能够直接与空气进行气体交换。其尾鳍在水中除起鳍的作用外，还是一种辅助呼吸器官。这些独特的生理现象使它们在离开水后，可以较长时间在陆地上生活。此外，弹涂鱼的左右两个腹鳍合并成吸盘状，能吸附于其他物体上。发达的胸鳍呈臂状，很像高等动物的附肢。遇到敌害时，它

▲ 海滩是弹涂鱼活动的场所

的行动速度比人走路还要快。

生活在热带地区的弹涂鱼，在低潮时为了捕捉食物，常在海滩上跳来跳去，更喜欢爬到红树的根上捕捉昆虫吃。因此，人们称之为"会爬树的鱼"。

海洋动物

鱼会发出什么声音？

一般人都以为鱼类全是哑巴，其实许多鱼类会发出各种令人惊奇的声音。例如，电鲶的叫声如猫怒；箱鲀能发出犬叫声；魴鮄的叫声有时像猪叫，有时像人在呻吟，有时像人的鼾声；海马会发出打鼓似的单调音。石首鱼类以善叫而闻名，其声音像碾轧声、打鼓声、蜂雀的飞翔声、猫叫声和呼哨声，其叫声在生殖期间特别常见，目的是为了集群。

鱼类发出的声音多数是由骨骼摩擦、鱼鳔收缩引起的，还有的是靠呼吸或肛门排气等发出种种不同声音。有经验的渔民，常常根据鱼类所发出声音的大小来判断鱼群数量的多少，以便下网捕鱼。

▼ 鱼儿自有一套"发音方法"

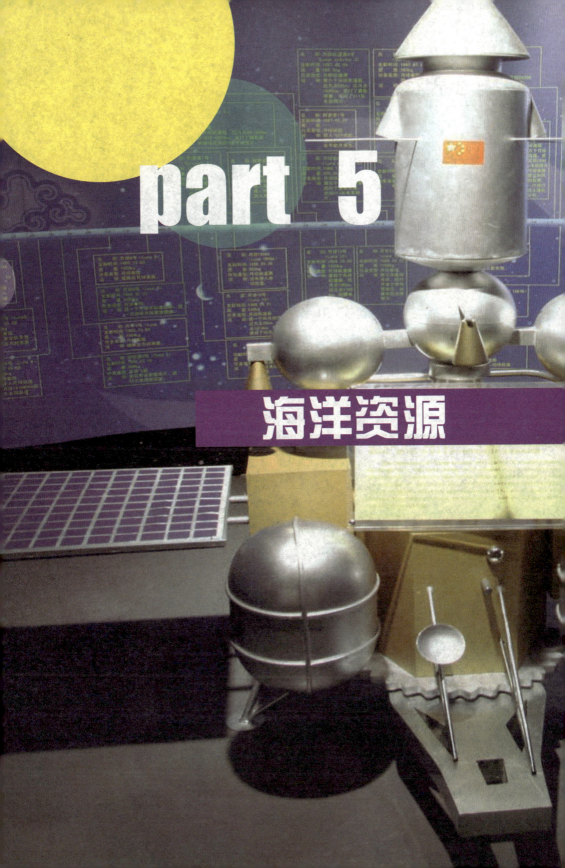

part 5

海洋资源

什么是锰结核？

大洋底蕴藏着极其丰富的矿产资源，锰结核就是其中的一种。它的表面呈现黑色或棕褐色，外观为球状或块状，大小从几微米到几十厘米都有，最重可达几十千克。锰结核中含有 30 多种金属元素，包括锰、铁、铜、钴、镍等，极具商业开发价值。

▲ 锰

▼ 海底矿产的开发可以缓解陆上资源的供求压力

▲ 海洋是一个巨大的宝库

锰结核是怎样被人类发现的?

　　沉淀在大洋底的锰结核是如何被人类发现的呢？1873年2月18日，在非洲西北加那利群岛的外洋，英国考察船"挑战者号"从海底采集了一些土豆大小的深褐色团块。经过试验分析后，英国人发现这是一种由锰、铁、镍、铜、钴等多种元素组成的金属化合物，其中以氧化锰的含量最多。剖开以后，他们发现这种团块以岩石碎屑、鲨鱼牙齿以及动植物残骸的细小颗粒等为核心，呈同心圆一层一层长成，像一块切开的葱头。于是，这种团块被命名为"锰结核"，并逐渐为人所知。

海洋资源

▲ 岩浆

锰结核是怎样形成的？

在地球 50 多亿年的漫长历史中，地壳中岩浆和热液持续活动，并随着地壳表面剥蚀搬运和沉积运动，形成了多种矿床。同时，雨水的冲蚀使陆地上的一部分矿物质融解并流入了海内。锰和铁两种矿物质，在海中本来是处于饱和状态的，可由于河流夹带的锰和铁不断加入，海水中两种元素的含量不断增加，以至过饱和沉淀。

最初，两种矿物质是以胶体状的含水氧化物沉淀出来的。在沉淀过程中，这种胶体状的含水氧化物又多方吸附铜、钴等物质，并与岩石碎屑、海洋生物遗骨等形成结核体，沉到海底后随着底流一起滚动，像滚雪球一样，越滚越大，越滚越多，最后形成了大小不等的锰结核。

你知道海洋中有多少锰结核吗？

锰结核广泛地分布于 2000 ~ 6000 米水深的海底表层，其中又以 4000 ~ 6000 米水深海底生成的锰结核品质为最佳。一般认为，锰结核的总储量在 30000 亿吨以上，其中以北太平洋分布的面积最广，储量占锰结核总量的一半以上。

锰结核所含的铁是炼钢的主要原料，所含的金属镍可用于制造不锈钢，所含的金属钴可用于制造特种钢，所含的金属铜大量用于制造电线，而所含的金属钛因密度小、强度高、硬度大，可广泛应用于航空航天工业，素有"空间金属"的美称。

锰结核在海洋中的储量不仅巨大，而且还会不断地增长。增长的速度因时因地而异，平均每千年长 1 毫米。以此计算，全球锰结核每年增长 1000 万吨，堪称"取之不尽，用之不竭"的可再生多金属矿物资源。

▼ 锰结核是航空航天工业的"原料库"

海洋资源

海底石油和天然气是怎样形成的?

　　科学家通过研究认为，在中、新生代，海底板块和大陆板块相挤压，形成许多沉积盆地，并在这些盆地形成几千米厚的沉积物。这些沉积物是海洋中的浮游生物的遗体，以及河流从陆地带来的有机质。这些沉积物被沉积的泥沙埋藏在海底，构造运动使盆地岩石变形，形成断块和背斜。伴随着构造运动而发生岩浆活动，产生大量热能，加速有机质转化为石油，并在圈闭中聚集和保存，成为现今的陆架油田。

　　据估计，世界石油极限储量约为 1 万亿吨，可采储量达 3000 亿吨左右，其中海底石油约为 1350 亿吨；世界天然气储量约为 255 亿至 280 亿立方米，海洋储量约为 140 亿立方米。

▼ 海上石油勘探

▲ 海洋油田钻机

世界上海洋油气田有多少？

　　世界各地共发现的海洋油气田为 1600 多个，已正式投产的海洋油气田为 300 多个，其中的 70 多个是巨型油气田，而储量超过 1 亿吨的就有 14 个。特大油田中有 7 个位于波斯湾。世界上离海岸最远的海井在美国路易斯安那州岸外 500 千米处，水深 300 米。

海洋资源

▲ 海底热泉产生的气泡

什么是热液矿藏？

　　热液矿藏又称"重金属泥"，是与海底热泉有关的一种多金属硫化物矿床。近些年来，在大洋底部的张裂地带，科学家们已经相继发现了 30 多处由海底溢出物质形成的海底热液矿藏，其总体积约 3900 万立方米。这种热液矿床主要形成于大洋中脊、海底裂谷带中，由海底裂谷喷出的高温岩浆冷却沉积而成。

　　大洋中脊是多火山多地震区，岩石易破碎，海水能通过破碎带向下渗透，渗入的冷海水受热后，以热泉形式从海底泄出。在冷海水不断渗入、热海水不断排出的循环过程中，洋底玄武岩中铁、锰、铜、锌等元素溶于热海水中，成为富含金属元素的热液而喷涌出来。由于洋中脊是大洋板块的分离部位，那里的岩石圈地壳最薄弱，因此又是地幔热流最好的突破口。热泉水带上来的物质多为金属硫化物或氧化物，它们沉淀在热泉喷口周围，形成具有经济价值的"热液矿床"。

这种由海底高温流体形成的矿丘形状各异，有的像土堆，有的像烟囱，从数吨到数千吨不等，不断有高温流体从里喷出，并能像植物一样，以每周几厘米的速度飞快地增长。热液矿藏中含有金、银、铜、锌、铅、锰等几十种稀贵金属，而且金、银等金属品质非常高，又有"海底金银库"之称。

你听说过可以燃烧的冰吗？

可燃冰的学名为"天然气水合物"，实际上是一种甲烷气体的水合物。在深海中高压、低温的条件下，海底沉积的古生物遗体所分解的甲烷等气体分子，与海水产生化学反应，形成了一个个淡灰色的冰球，看起来就像冰一样，故称可燃冰。

由于含有大量甲烷等可燃气体，可燃冰极易燃烧。据研究，在同等条件下，可燃冰燃烧产生的能量比煤、石油、天然气要高出数十倍，而且燃烧后不会产生任何残渣和废气，被称作"属于未来的能源"。

▼ 世界可燃冰分布图

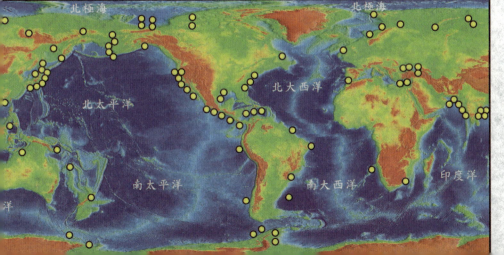

海洋资源

那么，人们是怎么发现可燃冰的呢？早在 1778 年，英国化学家普得斯特里就着手研究气体水合物的温度和压强。到了 1934 年，人们在油气管道和加工设备中发现了冰状固体堵塞现象，并引起了科学家的关注，而这些固体就是我们现在所说的可燃冰。随着研究的不断深入，可燃冰也一步步地摘去了它的神秘面纱。1965 年，苏联科学家大胆预测天然气的水合物可能存在于海洋底部的地表层中。结果，人们在北极的海底确实发现了大量的可燃冰。

世界上绝大部分的天然气水合物分布在海洋里，仅在海底区域，可燃冰的分布面积就达 4000 万平方千米，占地球海洋总面积的 1/4。海底可燃冰的储量是陆地的 100 倍以上，至少够人类使用 1000 年。

▼ 冰层下隐藏着可燃气体

▲ 人类在深海中探测到更多的水能源

你知道海洋中的另类"水资源"吗？

　　世界各大洋的底部蕴藏着非常丰富的淡水资源，约占海水总量的 20%。这些淡水存在于海面以下 1500 米深的原生代岩层中，历经数万年时间，经过岩层渗透精滤，水质天然、洁净，富含人体所需的多种矿物质和微量元素，是人类健康饮用水的优质水源。

　　此外，海水中还藏有储量巨大的重水。重水是由氘和氧组成的化合物，和普通水很相似。它不仅是人类用于核聚变发电的重要能源，更是新一代的主体能源。与陆地相比，海洋重水的开采成本非常低廉，深海大规模开采提取每千克重水成本仅为陆地开采成本的 5%～10%，具有巨大的商业开发前景。

海洋资源

什么样的海域才是渔场？

一般来说，海洋中的鱼类及其他水生经济动物，如虾、蟹和海兽等，在一定季节、一定水域范围，因产卵繁殖、索饵育肥或越冬适温等聚集成群，从而形成的渔业生产上相对集中的场所，我们称之为海洋渔场。

海洋渔场的形成有两个条件：首先，必须是有密集的经济水生生物栖息洄游的地方。其次，在该处能经营符合经济原则的渔业。海洋渔场按照鱼类习性分，有产卵渔场、索饵渔场、越冬渔场。如果按照地理环境分，有大陆架上浅海渔场、寒暖两流潮境渔场、上升流域渔场、堆礁海岭渔场、感潮线渔场。

世界海洋渔场大部分集中于仅占海洋总面积7%的大陆架海域，其次是外海的海底高地、水下山脉和群岛或珊瑚礁附近海域。良好渔场既是经济水生物密集的地方，也是饵料生物大量繁殖之处，饵料生物对海洋渔场的形成最为重要。

▼ 海洋俨然就是鱼类的家园

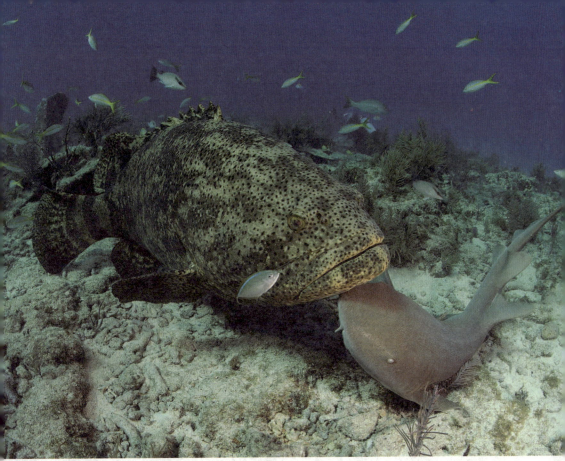

▲ 神奇的海底鱼类

世界上有哪几大渔场？

　　世界上有五大渔场，它们分别是北太平洋渔场、东南太平洋渔场、西北大西洋渔场、东北大西洋渔场和东南大西洋渔场。其中，北太平洋渔场包括北海道渔场、舟山渔场、北美洲西海岸众多渔场在内的广阔区域，东南太平洋渔场包括秘鲁渔场在内的广阔区域，西北大西洋渔场包括纽芬兰渔场在内的广阔区域，东北大西洋渔场包括北海渔场在内的广阔区域，东南大西洋渔场包括非洲西南部沿海渔场在内的广阔区域。

海洋资源

我国最大的海洋渔场在哪里?

　　舟山渔场是我国最大的近海渔场,与千岛渔场、纽芬兰渔场和秘鲁渔场齐名。在地理、水文、生物等优越自然条件的影响下,舟山渔场及其附近海域成为适宜多种鱼类繁殖、生长、索饵、越冬的生活栖息地。其中,大黄鱼、小黄鱼、带鱼和乌贼是舟山渔场捕捞量最大的资源群体,被称为"四大渔产"。20世纪70年代,集结在嵊山渔场捕冬季带鱼的渔船,旺汛高峰时达1万艘,渔民在15万人以上。

▼ 捕鱼场景

part 6

海洋趣闻

为什么把百慕大群岛叫作"魔鬼三角"？

　　百慕大三角，是指北起百慕大群岛，南到波多黎各岛，西至美国佛罗里达州的一片三角海域，面积约 100 平方千米。由于这片海域船只、飞机等失事较多，所以被冠以"魔鬼三角"之称。最近有科学家认为，造成百慕大海域沉船或坠机的元凶是海底可燃冰产生的巨大沼气泡。当海底发生猛烈的地震活动时，被埋在地下的块状可燃冰晶体被翻了出来，由于可燃冰的主要成分是甲烷，会因外界压力减轻迅速汽化。大量的气泡上升到水面，使海水密度降低，失去原来所具有的浮力。恰逢此时经过这里的船只，就会像石头一样沉入海底。如果此时正好有飞机经过，当甲烷气体遇到灼热的飞机发动机，会立即燃烧爆炸。

▼ 神秘的百慕大三角区

▲ 热带水下山脉

你听说过会跳跃的海底石头吗？

　　海底有一种奇怪的石头，人们称其为"跳跃石"。把这种石头从海底取出，放在科研船的甲板上，它会突然地自动跳起来，多数时候还能自动裂开并发出"咔嚓"的响声。这种石头可在海中那些死火山或活火山构成的海底山脉中找到。跳跃石的特征是气泡饱和度极高，大部分是二氧化碳气的火山气泡，在这些岩石的总体积中占 18%，比普通固结玄武岩熔岩中的气泡含量高 20 多倍。是什么原因使这种石头跳跃和裂开呢？原来，在高压下熔岩中的气泡一旦升到水表，失去了原有压力，就会从岩石中崩裂出来，从而使石头跳跃并自然裂开。

海洋趣闻

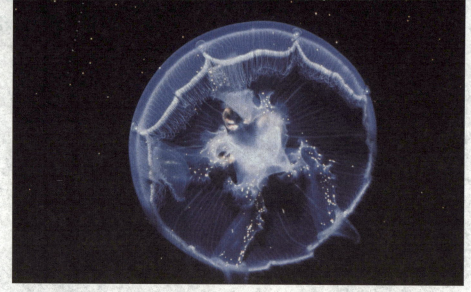

▲ 深海中有些鱼会发光，并且长得比较奇怪

大海为什么会起火？

　　航行在黑夜的海上或伫立在黑夜的海滩，有时会突然发觉海面上有光亮闪烁，好像点点灯火，沿海渔民就称其为海火。其实，这是一种海发光现象。

　　海发光现象在海洋生物中极为普遍，从结构简单的细菌到结构比较复杂的无脊椎动物和脊椎动物，都有着种类繁多的发光生物。如原生动物门、腔肠动物门、环节动物门、软体动物门、节肢动物门、棘皮动物门、脊索动物门和脊椎动物门等，都有发光的典型种类。

　　海火的确是一种神秘奇异的现象，尤其是不常在海边或海上旅行的人，第一次看到海火时，更是不可理解。海火可分为三种，即火花型（闪耀型）、弥漫型和闪光型（巨大生物型）。每一类型按其光亮的强度划分为五级，从微弱光亮到显目可见和特别明亮。

　　海发光现象，不仅是海洋生物学领域中的研究课题之一，而且在国防、航运交通及渔业上均有着一定的实用价值。例如：在战争时期，舰艇在发光海区做夜间航行时，就有可能暴露目标；在渔业上，可利用海火来寻找鱼群；在航运交通上，海火可以帮助航海人员识别航行标志和障碍物，避免触礁等危险。此外，由于海洋生物的发光是冷光（不放热），可利用连续发光的细菌做成人工的细菌灯。细菌灯安全可靠，可广泛用在火药库、油库、弹药库等严禁烟火的场所；在第二次世界大战中，日军曾用细菌灯作为夜间的联络信号等。由此可见，海发光的用途广大。

海中也有飞碟吗？

空中的"飞碟"一直受到人们的关注，海洋中的"飞碟"却鲜为人知。其实，大海深处的"飞碟"已发现了340多个。

海中飞碟与空中飞碟不一样，它是由一种特殊的水组成的。这种水的温度、密度、含盐量及所含化学物质与周围海水不同，因而呈现出一个边缘分明的"独立体"，并且随着海流和旋涡，一边前进一边高速旋转。最特别的是，它可以长达10年不解体，永不疲倦地转个不停。另外，海中飞碟要比空中飞碟大得多，大西洋发现的一枚飞碟直径达80千米！它在飞速旋转时，"吞进"了难以计数的鱼虾。

据科学家们研究，海中飞碟大多诞生于大江、大河、大湖通海的出口处。原因很简单，当比重和性质迥然不同的淡水和海水相遇时，常常会出现互不相融的场面，可谓"海水不犯河水"。此外，在远海和大洋的相交处，如地中海与大西洋的汇合处，就有为数不少的飞碟，在肉眼看不到的海洋深处以不同的速度各自旋转着。

海洋趣闻